电子电工技术及其智能化发展研究

纪丹 刘洪涛 佘艳 ◎著

U0305590

中国出版集团
中 译 出 版 社

图书在版编目(CIP) 数据

电子电工技术及其智能化发展研究 / 纪丹，刘洪涛，佘艳著. -- 北京：中译出版社，2024. 1

ISBN 978-7-5001-7717-3

Ⅰ. ①电… Ⅱ. ①纪… ②刘… ③佘… Ⅲ. ①电子技术-研究②电工技术-研究 Ⅳ. ①TN②TM

中国国家版本馆 CIP 数据核字（2024）第 033224 号

电子电工技术及其智能化发展研究

DIANZI DIANGONG JISHU JIQI ZHINENGHUA FAZHAN YANJIU

著　　者：纪　丹　刘洪涛　佘　艳
策划编辑：于　宇
责任编辑：于　宇
文字编辑：李晟月
营销编辑：马　萱　钟筱童
出版发行：中译出版社
地　　址：北京市西城区新街口外大街 28 号 102 号楼 4 层
电　　话：（010）68002494（编辑部）
邮　　编：100088
电子邮箱：book@ctph.com.cn
网　　址：http://www.ctph.com.cn

印　　刷：北京四海锦诚印刷技术有限公司
经　　销：新华书店
规　　格：787 mm × 1092 mm　1/16
印　　张：13
字　　数：257 千字
版　　次：2024 年 1 月第 1 版
印　　次：2024 年 1 月第 1 次印刷

ISBN 978-7-5001-7717-3　　定价：68.00 元

版权所有　侵权必究

中　译　出　版　社

前　言

电力电子技术是利用电力电子器件对电能进行控制和转换的学科，是电力、电子、控制三大电气工程技术领域之间的交叉学科，是一门多学科相互渗透的综合性学科。利用先进的电力电子技术可以实现高比例可再生能源发电与并网，可以实现储能的功率高效转换，可以实现交直流电网的柔性互联，还可以提升配电网的电能质量、可靠性与运行效率等。智能电网发展战略不仅能使用户获得高安全性、高可靠性、高质量、高效率和价格合理的电力供应，还能提高国家的能源安全、改善环境、推动可持续发展，同时能够激励市场不断创新，从而提高国家的经济竞争力，是满足经济社会可持续发展要求的重大选择，是电力工业科学发展的具体实践。

本书是一本关于电子电工技术及其智能化发展方面的书籍，旨在为相关工作者提供有益的参考和启示，适合对此感兴趣的读者阅读。本书包括电子电工概述，让读者对电子电工有初步的认知；深入分析了电工基础、电子技术、电工技术等内容，让读者对电子电工技术有更深入的了解；着重强调了电子电工技术的应用及电子电工技术智能化发展，以理论与实践相结合的方式呈现。本书论述严谨，结构合理，条理清晰，内容丰富新颖，具有前瞻性。近年来，伴随着半导体材料和信息技术的巨大进步，电子电工技术得到空前发展和推广应用。希望本书能够为从事相关行业的读者提供有益的参考和借鉴。

由于作者水平有限，书中难免有错漏及不当之处，敬请广大读者批评指正，以便及时修正。

著　者

目　录

第一章　电子电工概述 …… 1

第一节　电路分析的基础知识 …… 1

第二节　正弦交流电路 …… 8

第二章　电工基础 …… 15

第一节　电能、电源与供配电基础 …… 15

第二节　安全用电 …… 27

第三节　常用电工材料 …… 42

第三章　电子技术 …… 51

第一节　直流稳压电源 …… 51

第二节　门电路和组合逻辑电路 …… 55

第三节　触发器和时序逻辑电路 …… 60

第四章　电工技术 …… 65

第一节　变压器 …… 65

第二节　三相异步电动机及其控制 …… 70

第三节　电气控制技术 …… 81

第五章　电气工程及自动化技术 …… 97

第一节　电气工程及自动化概论 …… 97

第二节　电气工程及自动化工程常用技术技能 …… 109

第六章　电子电工技术的应用 …… 131

第一节　室内供配电与照明 …… 131

第二节　智能配电网中的电能质量控制与补偿技术 …… 156

第三节　智能配电网中储能技术的应用 …… 164

第七章　电子电工技术智能化发展 …… 175

第一节　可穿戴智能设备关键技术 …… 175

第二节　虚拟现实关键技术 …… 191

参考文献 …… 199

第一章　电子电工概述

第一节　电路分析的基础知识

一、电路和基本物理量

（一）电路和电路模型

电路就是电流所经过的路径，是由各种元件按一定方式连接而成的。其特征是提供了电流流动的通道。电路元件通常是用规定的图形符号来表示实际的电路元件，并用连线表示它们之间的连接关系。

根据电源提供的电流不同，电路还可以分为直流电路和交流电路两种。

一个实际电路是由电源、负载等各种电路元件所组成的。对于每一个电路元件来说，其电磁性能都比较复杂，不是单一的。例如白炽灯这一负载，它在通电工作时能把电能转变为热能，消耗电能，但其电压和电流还会产生电场和磁场，也具有电容和电感的性质。在分析电路中，如果对一个电路元件要考虑所有的电磁性质，将是十分困难的。为此，对于组成电路的元件，我们忽略次要因素，只抓住主要电磁特性，即把元件理想化。这样用一个或几个具有单一电磁特性的理想电路元件所组成的电路，就是实际电路的电路模型。

（二）基本物理量

1. 电流

电流的大小由电流强度表示。电流分为两类：一是大小和方向均不随时间变化，称为恒定电流，简称直流，用 I 表示；二是大小和方向均随时间变化，称为交变电流，简称交流，用 i 表示。

对于直流，单位时间内通过导体截面的电荷量是恒定不变的，其大小为

$$I = \frac{Q}{t} \tag{1-1}$$

式中 t 为时间，Q 为 t 时间内通过导体截面的电荷量。

对于交流，设在极短的时间 dt 内通过导体某一横截面的电荷量为 dq，则电流强度为

$$i=\frac{dq}{dt} \tag{1-2}$$

电流的单位是库［仑］每秒（库/秒），即安培，简称“安”，用符号“A”表示。有时也用千安（kA）、毫安（mA）、微安（μA）作为电流的计量单位，它们之间的换算关系是

$$1kA=10^3A$$

$$1A=10^3mA$$

$$1mA=10^3\mu A$$

一般规定正电荷移动的方向或负电荷移动的反方向为电流的实际方向。

在复杂电路中，电流的实际方向有时难以确定。为了便于分析计算，便引入电流参考方向的概念。电流的参考方向，也称为正方向，可以任意选定。在电路中一般用箭头表示。

2. 电压

在电路中，电场力把单位正电荷（q）从 A 点移到 B 点所做的功（w）就称为 A、B 两点间的电压，也称电位差，记为

$$U_{AB}=\frac{dw}{dq} \tag{1-3}$$

对于直流，则为

$$U_{AB}=\frac{W}{Q} \tag{1-4}$$

电压的单位是焦耳每库仑（焦耳/库仑），即伏特，简称“伏”，用符号“V”表示。有时用千伏（kV）、毫伏（mV）、微伏（μV）作为计量单位；它们之间的换算关系是

$$1kV=10^3V$$

$$1V=10^3mV$$

$$1mV=10^3\mu V$$

电压的实际方向习惯上规定为从高电位点指向低电位点，即电压降的方向。和电流的参考方向一样，也须设定电压的参考方向。电压的参考方向也是任意选定的。电压的参考方向可用箭头“→”表示，也可用双下标（$U_{AB}=-U_{BA}$）表示，还可用极性“+”“-”表示，“+”表示高电位，“-”表示低电位。多数情况下采用双下标和极性表示法。

当电压的参考方向与实际方向一致时，电压为正（$U>0$）；当电压的参考方向与实际

方向相反时，电压为负（$U<0$）。

为了分析电路的方便，电压和电流常取一致的参考方向，称为关联参考方向；反之，称为非关联参考方向。

3. 电功率

在电流通过电路时，电路中发生了能量的转换。在电源内部，把非电能转换成电能。在外电路中，把电能转换为其他形态的能量，即负载要消耗电能而做功。

负载在单位时间内消耗的电能称为电功率，简称功率，用 P 表示，单位为瓦（W）或千瓦（kW）、毫瓦（mW）。

根据欧姆定律，其计算公式为

$$P = UI$$

或

$$P = I^2R = \frac{U^2}{R} \tag{1-5}$$

4. 电能

负载在整个工作时间内消耗的电能与电路两端电压 U、通过的电流 I 及通电的时间成正比，用公式表示为

$$W = UIt = Pt \tag{1-6}$$

电能的单位是焦耳（J），另一个单位是千瓦·时（kW·h），即人们常说的 1 度电，写成

$$1\text{ 度} = 1\ \text{kW} \cdot \text{h}$$

二、理想电路元件

用来表征电路的基本理想电路元件分别为理想电阻元件、理想电容元件和理想电感元件。

（一）电阻元件

像灯泡、电阻炉和电烙铁，可将它们抽象为只具有消耗电能性质的电阻元件。

由欧姆定律可知，电阻元件的伏安特性为

$$u = Ri \tag{1-7}$$

式中：u——电压；

i——电流；

R——理想电阻元件。

电阻的单位是欧姆，用字母“Ω”表示。功率为

$$p = ui = Ri^2 = \frac{u^2}{R} \tag{1-8}$$

从上式可以看出，不论 u、i 是正值还是负值，p 总是大于零，说明电阻元件总是消耗电功率的，与电压、电流的实际方向无关，故电阻是耗能元件。

（二）电容元件

实际电容通常由两块金属极板中间充满介质（如空气、云母、绝缘纸、塑料薄膜和陶瓷等）构成。当忽略电容器的漏电阻和电感时，可将其抽象为只具有储存电场能性质的电容元件。

电容上储存的电量 q，与外加电压 u 成正比，即

$$q = Cu \tag{1-9}$$

上式中，比例系数 C 称为电容，是表征电容元件特性的参数。

在国际单位制中，电容的单位是法拉，简称“法”，用字母“F”表示。工程上一般采用微法（μF）或皮法（pF）作为电容的单位。

当电容的端电压和通过电流的参考方向一致时，则有

$$i = \frac{\mathrm{d}q}{\mathrm{d}t} = C\frac{\mathrm{d}u}{\mathrm{d}t} \tag{1-10}$$

上式表明，电容元件上通过的电流，与元件两端的电压对时间的变化率成正比。电压变化越快，电流就越大。当电容元件两端加上恒定电压时，$i=0$，电容元件相当于开路，故电容元件有隔直流的作用。

将上式两边乘上 u 并积分，可得电容元件极板间储存的电场能量为

$$W_{\mathrm{C}} = \int_0^t ui\mathrm{d}t = \int_0^a Cu\mathrm{d}u = \frac{1}{2}Cu^2 \tag{1-11}$$

上式说明，电容元件在某时刻储存的电场能量与元件在该时刻所承受的电压的平方成正比。理想电容元件不消耗能量，故称为储能元件。

（三）电感元件

当电感线圈中通以电流后，将产生磁通，在其内部及周围建立磁场，储存能量。可将其抽象为只具有储存磁场能性质的电感元件。根据电磁感应定律，则有

$$u = -e_L = L\frac{\mathrm{d}i}{\mathrm{d}t} \tag{1-12}$$

比例系数 L 称为电感，电流变化越快，电感元件产生的自感电动势越大，与其平衡的

电压也越大。当电感元件中流过稳定的直流电流时，因 $\mathrm{d}i/\mathrm{d}t=0, e_L=0$，故 $u=0$，这时电感元件相当于短路。

电感的单位是亨利，简称“亨”，用字母“H”表示。工程上一般采用毫亨（mH）或微亨（μH）作为电感的单位，将上式两边乘上 i 并积分，可得电感元件中储存的磁场能量为

$$W_L=\int_0^t ui\mathrm{d}t=\int_0^i Li\mathrm{d}i=\frac{1}{2}Li^2 \quad (1-13)$$

上式说明，电感元件在某时刻储存的磁场能量，与该时刻流过的电流的平方成正比。理想电感元件不消耗能量，故也称为储能元件。

三、电路的工作状态

电路在不同的工作条件下，会处于不同的状态，并具有不同的特点。电路的工作状态有三种：开路状态、短路状态和负载状态。

（一）开路状态（空载状态）

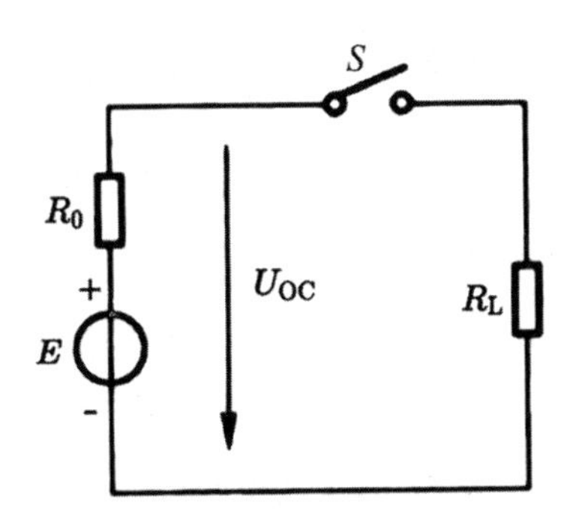

图 1-1　开路状态

如图 1-1 所示，当开关 S 断开时，电源则处于开路状态。开路时，电路中电流为零，负载上没有电压，$U=0$，电源不输出能量，电源两端的电压称为开路电压，用 U_{OC} 表示，其值等于电源电动势 E，即

$$U_{OC}=E \quad (1-14)$$

（二）短路状态

如图 1-2 所示，当电源两端由于某种原因短接在一起时，电源则被短路。短路电流 $Isc=\frac{E}{R_0}$，因电源内阻 R_0 往往很小，所以电路电流很大，此时电源所产生的电能全被内阻

R_0 所消耗，负载 R_L 上没有电压，负载电流 $I_R = 0$。

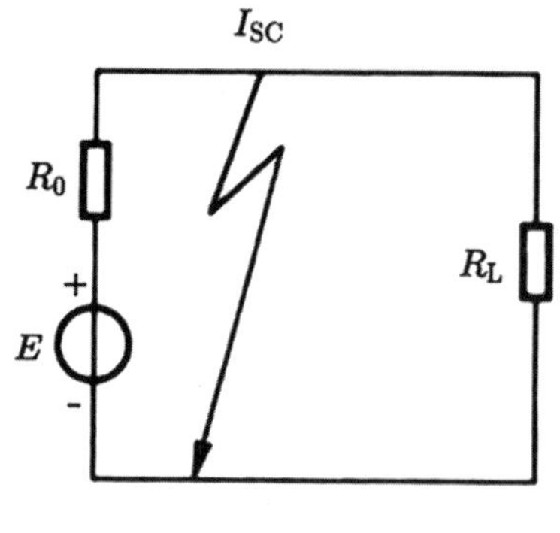

图 1-2　短路状态

短路通常是严重的事故，应尽量避免发生，在供电线路中，为了防止短路事故，通常在电路中接入熔断器或断路器，以便在发生短路时能迅速切断故障电路，使电源和供电线路得到保护。

（三）负载状态（通路状态）

电源与一定大小的负载接通，称为负载状态。这时电路中流过的电流称为负载电流。如图 1-3 所示，其大小可用全电路欧姆定律计算，即 $I = \frac{E}{R_0 + R_L}$。可见，电流的数值与电路中的电动势成正比，与总的电阻成反比。电流的实际方向是从电源的高电位端（正极）流出，经负载后进入电源的低电位端（负极）。

电路接通后负载上就有电压，其电压大小可根据一段电路欧姆定律求出，即 $U = IR_L$，电压的方向是从负载的高电位端指向低电位端。电源端电压与电流的关系为 $U = E - R_0 I$。

为使电气设备正常运行，在电气设备上都标有额定值，额定值是生产厂为了使产品能在给定的工作条件下正常运行而规定的允许数值。一般常用的额定值有：额定电压、额定电流、额定功率，分别用 U_N、I_N、P_N 表示。按照额定值使用电气设备可以保证其安全可靠。

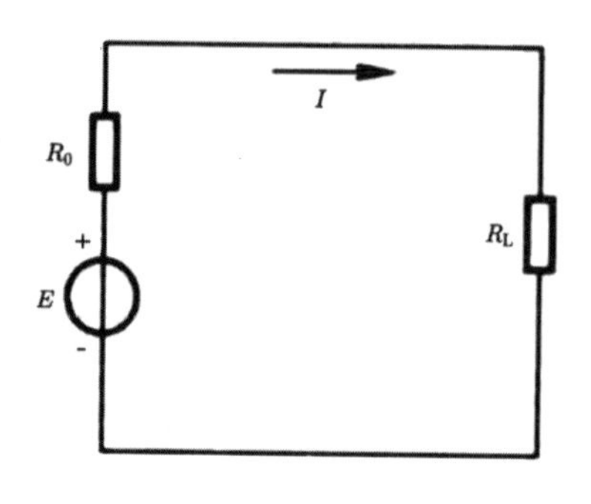

图 1-3　负载状态

需要指出，电气设备实际消耗的功率不一定等于额定功率。当实际消耗的功率 P 等于额定功率 P_N 时，称为满载运行；若 $P< P_N$，称为轻载运行；而当 $P> P_N$ 时，称为过载运行。电气设备应尽量在接近额定值的状态下运行。

四、电压源与电流源

电源是将其他形式的能量（如化学能、机械能、太阳能、风能等）转换成电能后提供给电路的设备。一个实际电源含有电动势和内电阻，当电源工作时，可以用两种形式表示，一种形式是电压源，另一种形式是电流源。

（一）理想电压源

理想电压源就是指电源的内阻为零，电源两端的端电压值为一个给定时间的函数，不随流过电压源的电流的大小而变化，即

$$u(t)=u_S(t) \tag{1-15}$$

它的特点是电压的大小只取决于电压源本身的特性，与流过的电流无关。流过电压源的电流大小与电压源外部电路有关，由外部负载电阻决定。因此，理想电压源又称为独立电压源。

从能量的观点而言，理想电压源是一个具有无限能量的电源，它能输出任意大小的电流而保持其端电压不变。显然，这样的电源实际上是不存在的。但在实际应用中，如干电池、蓄电池和直流稳压电源等，在其内阻忽略不计时，可视为理想电压源，输出电压恒定。

（二）理想电流源

理想电流源是指内阻为无限大，输出电流为一个给定时间的函数，不随它两端电压的变化而变化，即

$$i(t)=i_S(t) \tag{1-16}$$

它的特点是电流的大小取决于电流源本身的特性，与电源的端电压无关。端电压的大小与电流源外部电路有关，由外部负载电阻决定。因此，理想电流源又称为独立电流源。

理想电流源也是一个具有无限能量的电源，实际上并不存在。但实际应用中光电池在一定的光线照射下所产生的电流几乎不变，可视为理想电流源。

第二节　正弦交流电路

一、交流电的基本术语

（一）交流电的基本概念

1. 交流电

交流电是大小和方向都随时间按一定规律做周期性变化的电压、电流和电动势的统称。直流电流总是由电源正极流出，再流回到负极，电路中电流的大小和方向是不变的；而交流电没有固定的正负极，电流是由电源两端交替流出的。

2. 正弦交流电

正弦交流电是指大小和方向都随时间按正弦规律做周期性变化的交流电。电路中，只有一相的正弦交流电称为单相正弦交流电。

正弦交流电是由交流发电机产生的，简易的发电机由一对能够产生磁场的磁极（定子）和能够产生感应电动势的线圈（转子）组成。

磁场按正弦规律分布，当转子以角速度 ω 逆时针旋转时，由于电磁感应现象会在N匝矩形线圈中感应出电动势。如果存在闭合回路，那么外电路中也会产生相应的正弦电压与正弦电流。感应电动势、感应电压和感应电流都是按正弦规律变化的。

（二）正弦交流电的基本要素

1. 表示大小的要素

表示正弦交流电大小的要素有最大值、有效值、瞬时值。

（1）最大值：交流电在一个周期内所能达到的最大值，即正弦波形的最高点，如图1-4所示。用大写字母加小写下标m表示为 U_m、I_m、E_m 。

（2）有效值：让交流电和直流电通过同一电阻，若在相同时间内产生的热量相等，则把这一直流电的数值称作交流电的有效值，用大写字母 U、I、E 表示。经推导得，交流电的有效值与最大值的关系为

$$U_m=\sqrt{2}U,\ I_m=\sqrt{2}I,\ E_m=\sqrt{2}E \tag{1-17}$$

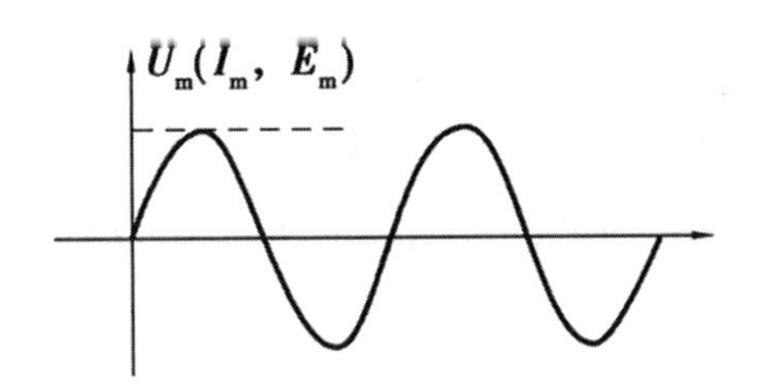

图 1-4　正弦交流电的最大值

我国照明电路的电压为 220 V，其最大值是 311 V。因此，接入 220 V 交流电路的电容器的耐压必须大于等于 311 V。

交流电的有效值在实际工作中应用非常广泛。一般仪器、变压器、家用电器和灯具上所标的电压、电流都是有效值。用交流电表测量的电流、电压也是有效值。

（3）瞬时值：交流电任一瞬间的值，用小写字母 u、i、e 表示。

$$u = U_m\sin(\omega t + \varphi_0)\ ,\ i = I_m\sin(\omega t + \varphi_0)\ ,\ e = E_m\sin(\omega t + \varphi_0) \quad (1\text{-}18)$$

2. 表示变化快慢的要素

表示正弦交流电变化快慢的要素有周期、频率、角频率。

（1）周期：交流电完成一次周期性变化所需的时间，用 T 表示，单位是秒（s）。

（2）频率：交变电在一秒钟内完成周期性变化的次数，用 f 表示，单位是赫［兹］（Hz）。我国交流电的频率是 50 Hz，美国、日本、加拿大等国家的交流电频率为 60 Hz。

周期和频率的关系为

$$T = \frac{1}{f} \text{ 或 } f = \frac{1}{T} \quad (1\text{-}19)$$

（3）角频率：交流电每秒内变化的弧度数（角度），用 ω 表示，单位是弧度/秒（rad/s）。

角频率与周期的关系为

$$\omega = \frac{2\pi}{T} \quad (1\text{-}20)$$

如图 1-5 所示。因此，角频率与频率的关系为

$$\omega = 2\pi f \quad (1\text{-}21)$$

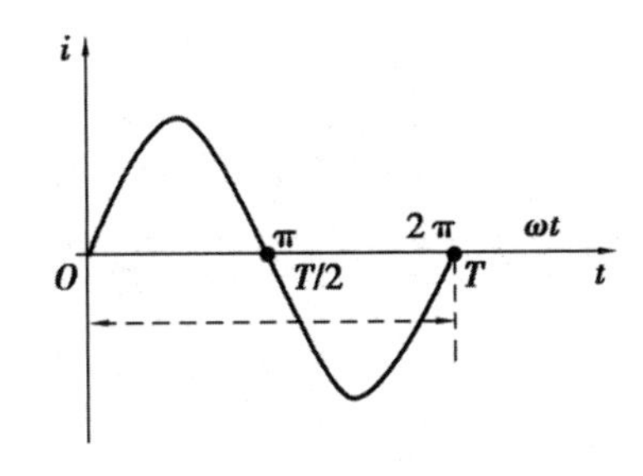

图 1-5　角频率与周期的关系

3. 表示位置的要素

表示正弦交流电位置的要素有相位、初相位、相位差。

（1）相位：交流电随时间变化的电角度，是关于时间 t 的函数，反映了正弦量随时间变化的整个过程。

（2）初相位：正弦量随时间而不断变化，选取不同的计时零点，正弦量的初始值就不同。初相位是表示正弦量在 $t=0$ 时的相位，即正弦量计时开始的位置 φ_0。规定初相位不得超过±180°。

（3）相位差：两个同频率的正弦量之间的相位之差，用 $\Delta\varphi$ 表示，数值上等于初相位之差。

对于两个同频率的交流电，相位差存在四种情况，即同相、反相、超前（或者滞后）、正交。

（三）交流电的表示方法

常用的交流电表示方法有解析式表示法、波形图表示法，每一种表示方法都能反映正弦交流电的三要素。

1. 解析式表示法

交流电的物理量中，电压、电流和电动势的瞬时值表达式就是交流电的解析式。即

$$u = U_m \sin(\omega t + \varphi_0)$$
$$i = I_m \sin(\omega t + \varphi_0) \qquad (1\text{-}22)$$
$$e = E_m \sin(\omega t + \varphi_0)$$

式中：U_m，I_m，E_m ——交流电的电压、电流、电动势最大值；

ω ——交流电的角频率；

φ_0——交流电的初相位。

我们只要知道交流电三要素的值，就可以按照下式写出其解析式，并算出交流电任意时刻的瞬时值。

2. 波形图表示法

根据交流电的三要素可知，正弦交流电可用一个周期的正弦函数图像表示，一般采取“五点”法进行绘制。五个点分别是相位（$\omega t + \varphi_0$）等于 0、π/2、π、3π/2 和 2π 时对应的交流电的值。

二、单一参数的正弦交流电路

（一）纯电阻电路

只含有电阻元件的交流电路称为纯电阻电路。在纯电阻电路中，电感、电容对电路的影响可以忽略不计。

1. 电流与电压的数量关系

在纯电阻电路中，电流、电压的瞬时值、有效值和最大值在数值上均满足欧姆定律。设在纯电阻电路中，加在电阻 R 上的交流电压 $u=U_m\sin\omega t$，则

瞬时值：$i=\dfrac{u}{R}=\dfrac{U_m\sin\omega t}{R}=I_m\sin\omega t$

最大值：$I_m=\dfrac{U_m}{R}$

有效值：$I=\dfrac{I_m}{\sqrt{2}}=\dfrac{U_m}{\sqrt{2}R}=\dfrac{U}{R}$

2. 电流与电压的相位关系

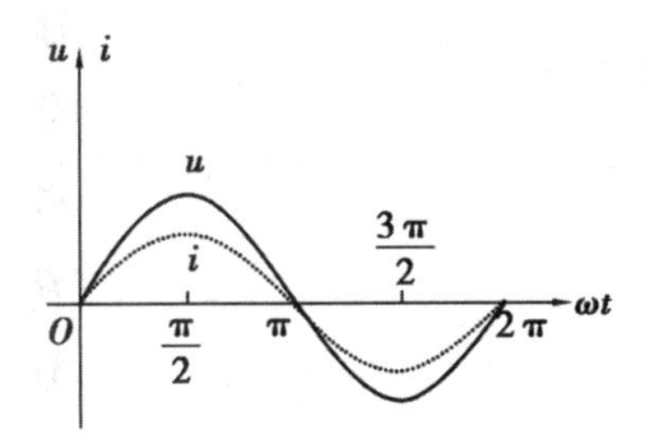

图 1-6　纯电阻电路的波形图

在纯电阻电路中，电流与电压同频同相，纯电阻电路的波形图如图 1-6 所示。

$$u=U_m\sin(\omega t+\varphi_0)=I_mR\sin(\omega t+\varphi_0) \tag{1-23}$$

$$i=\frac{u}{R}=I_m\sin(\omega t+\varphi_0) \tag{1-24}$$

3. 纯电阻电路的功率

电阻是一种耗能元件。由于瞬时功率是随时间变化的，测量和计算都不方便，所以在实际工作中常用平均功率来表示。瞬时功率在一个周期内的平均值称为平均功率，也称为有功功率。平时我们所说的 40 W 灯泡、30 W 电烙铁等都是指其有功功率。有功功率用 P 表示。

$$P = U_R I = I^2 R = \frac{U_R^2}{R} \tag{1-25}$$

式中：U——电阻 R 两端的电压有效值，单位是伏［特］（V）；

I——流过电阻 R 的电流有效值，单位是安［培］（A）；

P——电阻 R 消耗的有功功率，单位是瓦［特］（W）。

（二）纯电感电路

只含有电感元件的电路称为纯电感电路。在纯电感电路中，电感线圈的电阻和分布电容小到可以忽略不计。

1. 电感对电流的阻碍作用

在纯电感电路中，当正弦交流电通过电感线圈时，将产生感抗阻碍原交流电的变化。感抗 X_L 的大小为

$$X_L = \omega L = 2\pi f L \tag{1-26}$$

对于直流电流而言，因其频率 $f=0$，则感抗 $X_L=0$，对直流电无阻碍作用，故电感线圈对直流电相当于短路状态。对于交流电流，频率越高，感抗越大，对交流电的阻碍作用就越大。

2. 电流与电压的数量关系

在纯电感电路中，电流、电压的有效值和最大值在数值上满足欧姆定律，瞬时值不满足欧姆定律，即

$$I = \frac{U}{X_L} \tag{1-27}$$

$$I_m = \frac{U_m}{X_L} \quad \left(i \neq \frac{u}{X_L}\right) \tag{1-28}$$

3. 电流与电压的相位关系

在纯电感电路中，电流和电压频率相同，但由于在电感线圈中电流不能发生突变，所以电流的变化总是滞后于电压的变化。实验表明，纯电感电路中，电流总是滞后于电压 $\frac{\pi}{2}$，或者是电压超前电流 $\frac{\pi}{2}$，即

$$u = U_m \sin\omega t \tag{1-29}$$

$$i = I_m\left(\sin\omega t - \frac{\pi}{2}\right) \tag{1-30}$$

纯电感电路的波形图如图 1-7 所示。

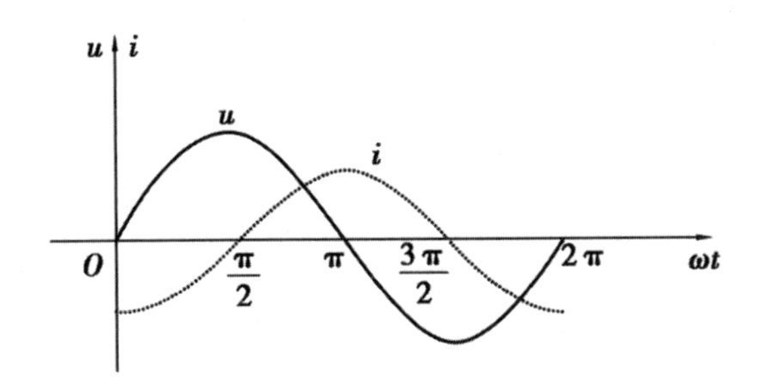

图 1-7　纯电感电路的波形图

4. 纯电感电路的功率

电感是储能元件，它不消耗电能，但它与电源之间的能量交换始终在进行。为反映出纯电感电路中能量的相互转换，把单位时间内能量转换的最大值（瞬时功率的最大值）称为无功功率，用符号 Q_L 表示，单位为乏（var），其大小在数值上等于电压的有效值 U_L 和电流的有效值 I 之积，即

$$Q_L = U_L I$$

或

$$Q_L = I^2 X_L = \frac{U_L^2}{X_L} \tag{1-31}$$

必须指出，无功功率中“无功”的含义是“交换”而不是“消耗”，它是相对于“有功”而言的，绝不可把“无功”理解为“无用”。无功功率实质上是表明电路中能量交换的最大速率。

无功功率在工农业生产中占有很重要的地位，具有电感性质的变压器、电动机等设备都是靠电磁转换工作的。因此，如果没有无功功率，即没有电源和磁场间的能量转换，这些设备就无法工作。

（三）纯电容电路

只含有电容元件的电路称为纯电容电路。在纯电容电路上，电容器的漏电阻和分布电感小到可以忽略不计。

1. 电容器对电流的阻碍作用

在纯电容电路中，由于电容器两端的电压不能突变，故电容器对电流有一定的阻碍作用，这种电容器对电流的阻碍作用称为容抗，用 X_C 表示，单位名称是欧［姆］（Ω）。其大小为

$$X_C = \frac{1}{\omega C} = \frac{1}{2\pi f C} \tag{1-32}$$

对于直流电流而言，因其频率$f=0$，则容抗$X_C=\infty$，直流电流无法通过电容器，故电容器对直流电流相当于开路状态。对于交流电流，频率越小，容抗越大，对交流电的阻碍作用就越大。

2. 电流与电压的数量关系

在纯电容电路中，电流、电压的有效值和最大值在数值上满足欧姆定律，瞬时值不满足欧姆定律，即

$$I=\frac{U}{X_C} \tag{1-33}$$

$$I_m=\frac{U_m}{X_C}\quad\left(i\neq\frac{u}{X_c}\right) \tag{1-34}$$

3. 电流与电压的相位关系

在纯电容电路中，电流和电压频率相同，但由于在电容器中电压不能发生突变，所以电压的变化总是滞后于电流的变化。实验表明，纯电容电路中，电压总是滞后于电流$\frac{\pi}{2}$；或者是电流超前于电压$\frac{\pi}{2}$。纯电容电路中电流与电压的波形图如图 1-8 所示。

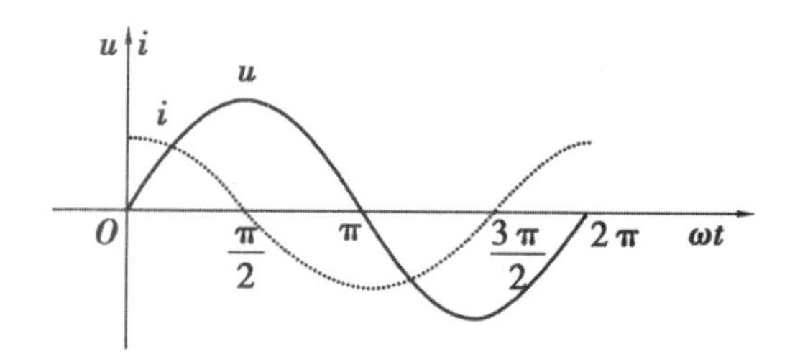

图 1-8　纯电容电路的波形图

4. 纯电容电路的功率

电容器同电感线圈一样属于储能元件，不消耗电能，但在储能与释放能量的过程中要占用无功功率。该无功功率用Q_C表示，单位为乏（var），其大小在数值上等于电压的有效值U_C和电流的有效值I之积。

$$Q_C=U_CI$$

或

$$Q_C=I^2X_C=\frac{U_C^2}{X_C} \tag{1-35}$$

第二章　电工基础

第一节　电能、电源与供配电基础

一、电能

（一）电能的产生

电能是大自然能量循环中的一种转换形式。

能源是自然界赋予人类生存和社会发展的重要物质资源，自然界固有的原始能源称为一次能源，分为可再生能源和不可再生能源两类。一次能源包括煤炭、石油、天然气、核能以及太阳能、风能、水能、地热能、海洋能、生物能等。其中，太阳能、风能、水能、地热能、海洋能、生物能等在自然界中能不断得到补充，或者可以在较短的周期内再产生出来，属于可再生能源；煤炭、石油、天然气、核能等能源的形成要经过亿万年，在短期内无法恢复再生，属于不可再生能源。

电能是一种二次能源，主要是由不可再生的一次能源转化或加工而来的。其主要的转化途径是化石能源的燃烧，即将化学能转化为热能；加热水使其汽化成蒸汽并推动汽轮机运行，从而将热能转化为机械能；最后由汽轮机带动发电机，利用电磁感应原理将机械能转化为电能。

电能因具有清洁安全、输送快速高效、分配便捷、控制精确等一系列优点，成为迄今为止人类文明史上最优质的能源，它不仅易于实现与其他能量（如机械能、热能、光能等）的相互转换，而且容易控制与变换，便于大规模生产、远距离输送和分配，同时还是信息的载体，在人类现代生产、生活和科研活动中发挥着不可替代的作用。

（二）电能的特点

与其他能源相比，电能具有以下特点：

（1）电能的产生和利用比较方便。电能可以采用大规模的工业生产方法集中获得，且把其他能源转换为电能的技术相对成熟。

（2）电能可以远距离传输，且损耗较低，在输送方面具有实时、方便、高效等特点。

（3）电能能够很方便地转化为其他能量，能够用于各种信号的发生、传递和信息处理，实现自动控制。

（4）电能本身的产生、传输和利用的过程已能实现精确可靠的自动化信息控制。电力系统各环节的自动化程度也相对较高。

（三）电能的应用

电能的应用非常广泛，在工业、农业、交通运输、国防建设、科学研究及日常生活中的各个方面都有所应用。电能的生产和使用规模已成为社会经济发展的重要标志。电能的主要应用方面包括：

（1）电能转换成机械能，作为机械设备运转的动力源。

（2）电能转换为光和热，如电气照明。

（3）化工、轻工业行业中的电化学产业，如电焊、电镀等在生产过程中要消耗大量的电能。

（4）家用电器的普及，办公设备的电气化、信息化等，使各种电子产品深入生活，信息化产业的高速发展也使用电量急剧增加。

二、电源

电源是电路的源泉，它为电路提供电能。现在应用的电源有各种干电池电源、太阳能电源、风力发电电源、火力发电电源、水力发电电源、核能发电电源等。

（一）直流电源

直流电源是电压和电流的大小和方向不随时间变化的电源，是维持电路中形成稳恒电流的装置。常见的直流电源有干电池、蓄电池、直流发电机等。

为了更直观地描述直流电源的特性，可以用一种由理想电路元件组成的电路模型来表示实际情况。常用的理想电路元件有电压源和电流源两种。

1. 电压源

（1）定义

电压源是一种理想的电路元件，其两端的电压总能保持定值或一定的时间函数，且电压值与流过它的电流无关。

（2）理想电压源的电压、电流关系

电源两端的电压由电源本身决定，与外电路无关，且与流经它的电流方向、大小无关。通过电压源的电流由电源及外电路共同决定。

2. 电流源

（1）定义

电流源是另一种理想的电路元件，不管外部电路如何，其输出的电流总能保持定值或一定的时间函数，其值与它两端的电压无关。

（2）理想电流源的电压、电流关系

电流源的输出电流由电源本身决定，与外电路无关，且与它两端电压无关。电流源两端的电压由其本身的输出电流及外部电路共同决定。

（二）交流电源

日常生产生活中的用电多为交流电，这种交流电一般指的是正弦交流电。

正弦信号是一种基本信号，任何复杂的周期信号都可以分解为按正弦规律变化的分量。因此，对正弦交流电的分析研究具有重要的理论价值和实际意义。

正弦交流电量是电流、电压随时间按正弦规律做周期性变化的电量。它是由交流发电机或正弦信号发生器产生的。

1. 幅值

幅值（也叫振幅、最大值）是反映正弦量变化过程中所能达到的最大幅度。

正弦量在任一瞬间的值称为瞬时值，用小写字母来表示，如 i、u、e 分别表示电流、电压及电动势的瞬时值。瞬时值中最大的值称为幅值或最大值，用 I_m、U_m、E_m 表示。

2. 周期与频率

（1）周期

正弦量变化一次所需的时间称为周期 T，单位为 s（秒）。

（2）频率

每秒内变化的次数称为频率 f，单位为 Hz（赫兹）。频率是周期的倒数，即

$$f=\frac{1}{T} \tag{2-1}$$

在我国和大多数国家，电网频率都采用交流 50Hz 作为供电频率，有些国家如美国、日本等供电频率为 60Hz。在其他不同领域使用的频率也不同，如表 2-1 所示。

表 2-1　不同领域使用的频率

领域	使用频率
高频炉	200~300 kHz
中频炉	500~8000 Hz
高速电动机电源	1500~2000 kHz
收音机中波段	530~1600 kHz
收音机短波段	2. 3~23 MHz
移动通信	900MHz、1800MHz
无线通信	300 GHz

（3）角频率

角频率为相位变化的速度，反映正弦量变化的快慢，单位为 rad/s（弧度/秒）。它与周期和频率的关系为

$$\omega = \frac{2\pi}{T} = 2\pi f \tag{2-2}$$

3. 初相位

（1）相位

相位是反映正弦量变化的进程。

（2）初相位

初相位 ψ 是表示正弦量在 $t=0$ 时的相角。

（3）相位差

相位差是用来描述电路中两个同频正弦量之间相位关系的量。设

$$u(t) = U_m\cos(\omega t + \psi_u), \quad i(t) = I_m\cos(\omega t + \psi_i) \tag{2-3}$$

则相位差为

$$\varphi = (\omega t + \psi_u) - (\omega t + \psi_i) = \psi_u - \psi_i \tag{2-4}$$

式中，同频正弦量之间的相位差等于初相之差，如果 $\varphi>0$，称 u 超前于 i，或 i 滞后于 u，表明 u 比 i 先达到最大值；如果 $\varphi<0$，称 i 超前于 u，或 u 滞后于 i，表明 i 比 u 先达到最大值；如果 $\varphi=0$，称 i 与 u 同相。

4. 有效值

正弦电流、电压和电动势的大小，往往不是用它们的幅值而是用有效值来计算的。

有效值：与交流热效应相等的直流被定义为交流电的有效值。有效值是从电流的热效应来规定的。周期性电流、电压的瞬时值随时间而变化，为了衡量其平均效应，工程上常采用有效值来表示。周期电流、电压有效值的物理意义如图 2-1 所示，通过比较直流电流

I 和交流电流 i 在相同时间 T 内流经同一电阻 R 产生的热效应，即令

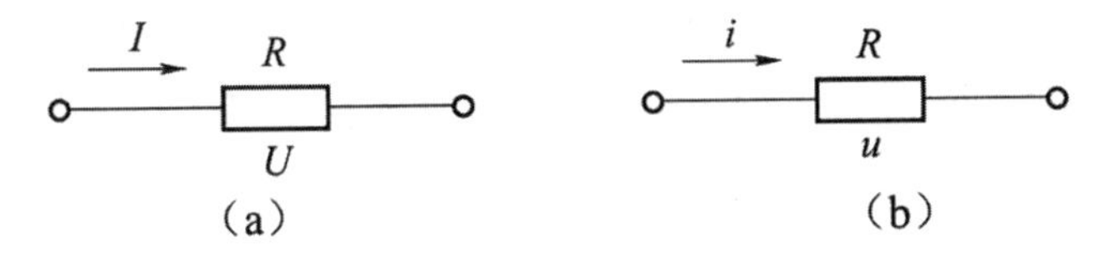

图 2-1 电流、电压的物理意义

$$\int_0^T Ri^2(t)\,\mathrm{d}t = RI^2T \tag{2-5}$$

从中获得周期电流和与之相等的直流电流 I 之间的关系为

$$I = \sqrt{\frac{1}{T}\int_0^T i^2(t)\,\mathrm{d}t} \tag{2-6}$$

式中，直流量 I 称为周期量的有效值。需要注意的是，式（2-6）只适用于周期变化的量，不适用于非周期变化的量。

当周期电流为正弦量时，$i(t) = I_{\mathrm{m}}\cos(\omega t + \psi_i)$，则相应的有效值为

$$I = \sqrt{\frac{1}{T}\int_0^T I_{\mathrm{m}}^2\cos^2(\omega t + \psi)\,\mathrm{d}t}$$

因为 $\int_0^T \cos^2(\omega t + \psi)\,\mathrm{d}t = \int_0^T \frac{1 + \cos2(\omega t + \psi)}{2}\mathrm{d}t = \frac{1}{2}t\Big|_0^T = \frac{1}{2}T$，所以

$$I = \sqrt{\frac{1}{T}I_{\mathrm{m}}^2\frac{T}{2}} = \frac{I_{\mathrm{m}}}{\sqrt{2}} = 0.707I_{\mathrm{m}}$$

即正弦电流的有效值与最大值满足下列关系，即

$$I_{\mathrm{m}} = \sqrt{2}I \tag{2-7}$$

同理，可得正弦电压有效值与最大值的关系，即

$$U_{\mathrm{m}} = \sqrt{2}U \tag{2-8}$$

工程上所说的正弦电压、电流一般指有效值，如设备铭牌额定值、电网的电压等级等。但绝缘水平、耐压值指的是最大值。因此，在考虑电气设备的耐压水平时应按最大值考虑。测量中，交流测量仪表指示的电压、电流读数一般为有效值。应用时须注意区分电流、电压的瞬时值 i、u，最大值 I_m、U_m 和有效值 I、U 的符号。

三、供配电基础

把各种电路元件以某种方式互连而形成的某种能量或信息的传输通道称为电路，或者称为电路网路。

（一）三相电路

三相电路是由三个频率相同、振幅相同、相位彼此相差120°的正弦电动势作为供电电源的电路。三相电力系统由三相电源、三相负载和三相输电线路三部分组成。

三相电路具有如下优点：

（1）发电方面：比单相电源提高50%的功率。

（2）输电方面：比单相输电节省25%的钢材。

（3）配电方面：三相变压器比单相变压器经济且便于接入负载。

（4）运电设备：具有结构简单、成本低、运行可靠、维护方便等优点。

以上优点使得三相电路在动力方面获得了广泛的应用，是目前电力系统中采用的主要供电方式。三相电路在生产上应用最为广泛，发电和输配电一般都采用三相制。在用电方面，最主要的负载是三相电动机。

1. 对称三相电源

对称三相电源通常由三相同步发电机产生对称三相电源。如图2-2（a）所示，发电机的静止部分叫作定子。在定子内壁槽中放置几何尺寸、形状和匝数都相同的三个绕组U_1U_2、V_1V_2、W_1W_2，三相绕组在空间互差120°，当转子以均匀角速度m转动时，在三相绕组中产生感应电压，分别为u_1、u_2、u_3，从而形成图2-2（b）所示的对称三相电源。其中，U_1、V_1、W_1三端称为始端，U_2、V_2、W_2三端称为末端。发电机的转动部分叫作转子，它的磁极由直流电励磁沿定子和转子间的空隙产生按正弦规律分布的磁场。当转子以角速度ω沿顺时针方向做匀速旋转时，在各绕组中产生的电动势必然频率相同、最大值相等。又由于三相绕组依次切割转子磁场的磁感线，因此其出现电动势最大值的时间就不相同，即在相位上互差120°。

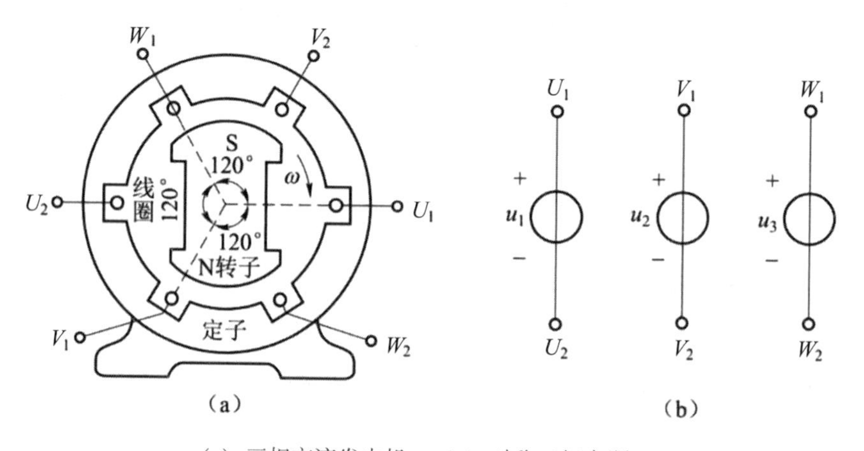

（a）三相交流发电机；（b）对称三相电源

图2-2　交流发电机对称三相电源

三相电源的瞬时值表达式为

$$\left.\begin{aligned}u_1 &= U_m\sin\omega t\\ u_2 &= U_m\sin(\omega t - 120^\circ)\\ u_3 &= U_m\sin(\omega t + 120^\circ)\end{aligned}\right\} \tag{2-9}$$

式中，以 U 相电压为参考正弦量。

三相电源的相量表示为

$$\left.\begin{aligned}\dot{U}_1 &= U\angle 0^\circ\\ \dot{U}_2 &= U\angle -120^\circ\\ \dot{U}_3 &= U\angle 120^\circ\end{aligned}\right\} \tag{2-10}$$

在任何瞬间，对称三相的电压之和为零，即

$$\left.\begin{aligned}u_1 + u_2 + u_3 = 0\\ \dot{U}_1 + \dot{U}_2 + \dot{U}_3 = 0\end{aligned}\right\} \tag{2-11}$$

三相电源中各相电源经过同一值（如最大值）的先后顺序 U_1、V_1、W_1称为三相电源的相序，$U_1 \to V_1 \to W_1$称为正序（或顺序）。反之，$W_1 \to V_1 \to U_1$称为反序（或逆序）。

2. 三相电源的连接

（1）星形连接（Y 连接）

把三相电源绕组的末端 U_2、V_2、W_2连接起来成一公共点 N，从始端 U_1、V_1、W_1引出三条端线 L_1、L_2、L_3就构成星形连接，如图 2-3 所示。从每相绕组始端引出的导线 L_1、L_2、L_3称为相线或端线（俗称火线），公共点 N 称为中性点，从中性点引出的导线称为中性线或零线，这种具有中性线的三相供电系统称为三相四线制电路。如果不引出中性线，则称为三相三线制电路。

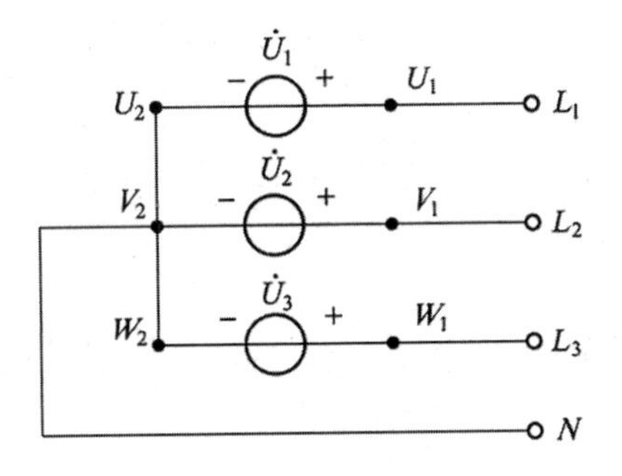

图 2-3 电源星形连接

如图 2-3 所示，每相始端与末端间的电压，即相线 L 与中性线 N 之间的电压，称为相电压，其有效值用 U_1、U_2、U_3 表示。而任意两始端间的电压，即两相线 L_1L_2、L_2L_3、L_3L_1 间的电压，称为线电压，其有效值用 U_{12}、U_{23}、U_{31} 表示。

（2）三角形连接（△连接）

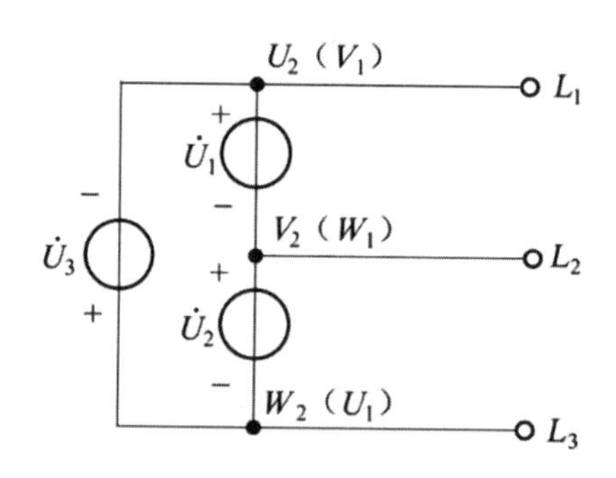

图 2-4　电源三角形连接

三个绕组始末端顺序相接如图 2-4 所示，就构成三角形连接。

需要注意的是：三角形连接的电源必须始端末端依次相连，由于 $\dot{U}_1+\dot{U}_2+\dot{U}_3=0$，电源中不会产生环流。任意一相接反，都会造成电源中产生大的环流，从而损坏电源。因此，当将一组三相电源连成三角形时，应先不完全闭合，留下一个开口，在开口处接上一个交流电压表，测量回路中总的电压是否为零。如果电压为零，说明连接正确，然后把开口处接在一起。

3. 三相负载及其连接

三相电路的负载由三部分组成，其中每一部分叫作一相负载，三相负载也有星形连接和三角形连接两种方式，分别如图 2-5、图 2-6 所示。当三相负载满足关系：$Z_1=Z_2=Z_3=Z$，$Z_{12}=Z_{23}=Z_{31}$，称为三相对称负载。

如图 2-5 所示，每相负载 Z 中的电流，称为相电流，其有效值用 I_1、I_2、I_3 表示。如图 2-6 所示，每根相线间的电流，称为线电流，其有效值用 I_{12}、I_{23}、I_{31} 表示。

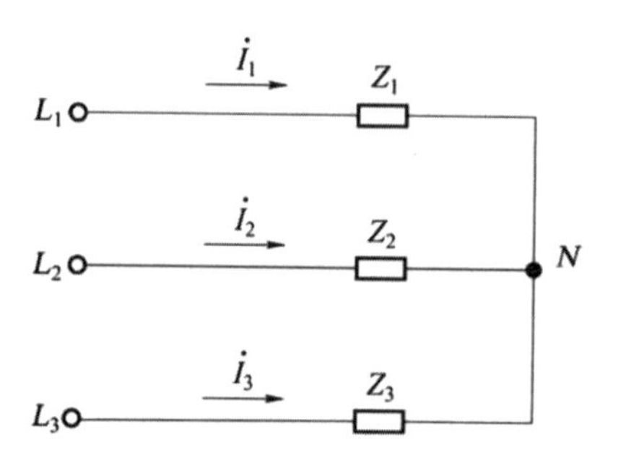

图 2-5　负载星形连接

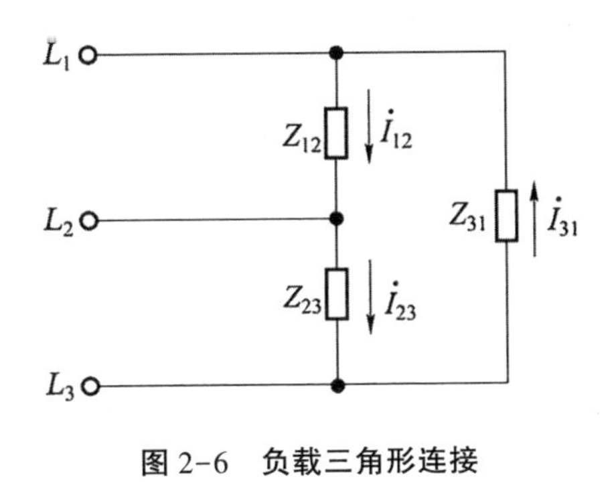

图 2-6　负载三角形连接

（二）电力系统

电力系统由电能的生产、传输、分配和消耗四个部分组成，即通常所说的发电、输电、变电和配电。首先发电机将一次能源转化为电能，电能经过变压器和电力线路输送、分配给用户，最终通过用电设备转化为用户所需的其他形式的能量。这些生产、传输、分配和消耗电能的发电机、变压器、电力线路和用电设备联系在一起组成的整体就是电力系统，也称为一次系统。为了保证一次系统能正常、安全、可靠、经济地运行，还需要各种信号监测、调度控制、保护操作等，它们也是电力系统不可缺少的部分，称为二次系统。

1. 电能的生产

电能的生产即发电，它是由各种形式的发电厂来实现的。发电厂的种类很多，一般根据它所利用能源的不同分为火力发电厂、水力发电厂和原子能发电厂。此外，还有风力发电厂、潮汐发电厂、太阳能发电厂、地热发电厂和等离子发电厂等。目前，我国的电能生产以火力发电、水力发电和原子能发电为主，风力发电也在大规模应用中。

（1）火力发电

火力发电通常以煤或油为燃料，通过锅炉产生蒸汽，以高压、高温蒸汽驱动汽轮机带动发电机发电。首先，锅炉将燃料的能量高效地转化为热能。汽轮机将蒸汽所具有的热能转换成机械能，而后推动发电机。冷凝、给水设备将汽轮机排出的蒸汽冷凝为冷凝水，而后经冷凝水泵将该冷凝水作为给水送到锅炉。汽轮发电机将汽轮机机械能转换成电能。火力发电厂的运行由中央调度所的大型计算机实施控制。在火力发电厂内装有自动负荷控制装置，接受来自中央调度所的指令，对锅炉的燃料、空气、给水及汽轮机进气量等进行控制。这样的火力发电厂为凝汽式火电厂。

除了凝汽式火电厂外，还有一种供热式火电厂，也称热电厂。热电厂将部分做了功的蒸汽从汽轮机中段抽出，供给电厂附近的热用户，这样可以减少凝汽器中的热量损失，提高电厂效率。

（2）水力发电

水力发电是利用自然水力资源作为动力，通过水岸或筑坝截流的方式提高水位。利用高水位和低水位之间因落差所具有的水位能驱动水轮机转换成机械能，由水轮机带动发电机发电，进而转换成电能。

（3）原子能发电

原子能发电是由核燃料在反应堆中的裂变反应所产生的热能，产生高压、高温蒸汽，由汽轮机带动发电机发电。原子能发电又称核能发电。核能发电过程中铀燃料的原子核受到外部热中子轰击时，会产生原子核裂变，分裂为两个原子核，并释放出大量的热量。该热量将水变成水蒸气，然后把它送到汽轮发电机，其原理与火力发电相同。

原子能发电厂的汽水循环分为两个独立的回路：第一回路由核反应堆、蒸汽发生器、主循环泵等组成。高压水在反应堆内吸热后，经蒸汽发生器再注入反应堆。第二回路由蒸汽发生器、汽轮机、给水泵组成。水在蒸汽发生器内吸热变成蒸汽，经汽轮机做功被凝结成水后，再由给水泵注入蒸汽发生器。

（4）风力发电

风力发电是利用风力带动风车叶片旋转，通过增速机将旋转的速度提升，来促使发电机发电。风力发电常用的发电机有四种：直流发电机、永磁发电机、同步交流发电机、异步交流发电机。

风力发电系统通常由风力机、发电机和电力电子部分等构成。风力机通过齿轮箱驱动发电机，发电机发出的电能经电力电子部分变换后直接供给负载，最后通过变压器并入电网。

目前，我国正在新疆、内蒙古、青海、宁夏等内陆草原及海滨湿地等风力资源相对丰富的地区大力建设风力发电厂，实现风力发电。

世界上由发电厂提供的电力大多数是交流电。我国交流电的频率为50Hz，称为工频。

2. 电能的传输

电能的传输又称输电。输电网是由若干输电线路组成，并将许多电源点与供电点连接起来的网络系统。在输电过程中，先将发电机组发出的6~10kV电压经升压变压器转变为35~500kV高压，通过输电线将电能传送到各用户，再利用降压变压器将35~500kV的高压变为6~10kV。

由于大中型发电厂多建在产煤地区或水利资源丰富的地区，距离用电城市几十千米，甚至上百千米，所以发电厂生产的电能要采用高压输电线路输送到用电地区，然后再分配给用户。输电的距离越长，输送的容量越大，则要求输电电压的等级越高。我国标准输电电压等级有35kV、110 kV、220kV、330kV和500kV等。一般情况下，输送距离在50 km

以下的，采用35kV电压；输电距离在100km左右的，采用110kV电压；输电距离在2000 km以上的，采用220kV或更高等级的电压。

高压输电按照输电特点，通常可分为高压输电（110kV、220kV）、超高压输电（330 kV、500 kV、750kV、±500kV、±660kV）和特高压输电（1000kV、±800kV），具体电压等级及用途如表2-2所示。我国目前多采用高压、超高压远距离输电。高压输电可以有效减小输电电流，从而减少电能损耗，保证输电质量。

表2-2 电网的电压等级及用途

类型	等级	电压水平	用途
交流电	低压	400V（单相220V）	居民及小型工商户用电
	中压	10kV、20kV、30kV	配电网、工业用户
	高压	110kV、220kV	输电网、城市配电网
	超高压	330kV、500kV、750kV	省及区域骨干输电网
	特高压	1000kV	跨区骨干输电网
直流电	高压	±500kV、±660kV	远距离、大容量输电
	特高压	±800kV	超远距离、超大容量输电

除交流输电方式外，还有直流输电方式。直流输电是指将发电厂发出的交流电，经整流器转换成直流电输送至受电端，再用逆变器将直流电变换成交流电送到受电端交流电网的一种输电方式，其主要应用于远距离大功率输电和非同步交流系统的联网。直流输电与交流输电相比具有结构简单、投资少、对环境影响小、电压分布平稳、不需无功功率补偿等优点，但输电过程中其整流和逆变部分结构较为复杂。

3. 电能的分配

高压输电到用电点（如住宅、工厂）后，须经区域变电所将交流电的高压降为低压，再供给各用电点。电能提供给民用住宅的照明电压为交流220V，提供给工厂车间的电压为交流380/220V。

在工厂配电中，对车间动力用电和照明用电均采用分别配电的方式，即把动力配电线路与照明配电线路一一分开，这样可避免因局部故障而影响整个车间生产的情况发生。

（三）配电系统

配电系统是由多种配电设备与配电设施组成的变换电压和向终端用户分配电能的电力网络系统，分为高压配电系统、中压配电系统和低压配电系统。我国配电系统的电压等级：220kV以上电压为输变电系统，35kV、63kV、110kV为高压配电，10kV、20kV为中压配电，380/220V为低压配电。考虑到大型及特大型城市近年来电网的快速发展，中压配电可扩展至220kV、330kV、500kV。

1. 高压配电网

高压配电网是由高压配电线路和配电变电站组成的向用户提供电能的配电网。高压配电网从上一级电源接收电能后，可以直接向高压用户供电，也可以向下一级中压（或低压）配电网提供电源。

2. 中压配电网

中压配电网是由中压配电线路和配电室（配电变压器）组成的向用户提供电能的配电网。中压配电网从高压配电网接收电能，向中压用户或向各用电小区负荷中心的配电室（配电变压器）供电，再经过变压后向下一级低压配电网提供电源。

3. 低压配电网

低压配电网是由低压配电线路及其附属电气设备组成的向低压用户提供电能的配电网。低压配电网从中压（或高压）配电网接收电能，直接配送给各低压用户。低压配电网是电力系统的末端，分布广泛，几乎遍及建筑的每一角落，日常使用最多的是380/220V。

从安全用电等方面考虑，低压配电系统有三种接地形式，分别为IT系统、TT系统、TN系统。TN系统又分为TN-S系统、TN-C系统和TN-C-S系统三种形式。系统接地的形式以拉丁字母作代号，其意义为：第一个字母表示电源端与地的关系。

T表示电源端有一点直接接地；I表示电源端所有带电部分不接地或有一点通过阻抗接地。第二个字母表示电气装置的外露可导电部分与地的关系。T表示电气装置的外露可导电部分直接接地，此接地点在电气上独立于电源端的接地点；N表示电气装置的外露可导电部分与电源端接地点有直接电气连接。短横线“-”后面的字母用来表示中性导体与保护导体的组合情况。S表示中性导体和保护导体是分开的；C表示中性导体和保护导体是合一的。

（1）IT系统

IT系统就是电源中性点不接地或经阻抗（1000Ω）接地、用电设备外壳直接接地的系统，称为三相三线制系统。在IT系统中，连接设备外壳可导电部分和接地体的导线，就是PE线。

在IT系统内，电气装置带电导体与地绝缘，或电源的中性点经高阻抗接地；所有的外露可导电部分和装置外导电部分经电气装置的接地极接地。由于该系统在出现第一次故障时故障电流小，且电气设备金属外壳不会产生危险性的接触电压，因此可以不切断电源，使电气设备继续运行，并可通过报警装置及时检查并消除故障。

（2）TT系统

TT系统就是电源中性点直接接地、用电设备外壳也直接接地的系统，称为三相四线制系统。通常将电源中性点的接地叫作工作接地，而设备外壳的接地叫作保护接地。在TT系统中，这两个接地是相互独立的。设备接地可以是每一设备都有各自独立的接地装置，也可以是若干设备共用一个接地装置。

TT系统适用于有中性线输出的单相、三相电分开的较大村庄。为其加装上漏电保护装置后，可收到较好的安全效果。目前，有的建筑单位采用TT系统，施工单位借用其电源做临时用电时，应用一条专用保护线，以减少接地装置的用量。该系统也适用于对信号干扰有要求的场合，如对数据处理、精密检测装置的供电等。

（3）TN系统

TN系统即电源中性点直接接地、设备外壳等可导电部分与电源中性点有直接电气连接的系统，它也有三种形式：

①TN-S系统。在这种系统中，中性线N和保护线PE是分开的。TN-S系统是我国目前应用最为广泛的一种系统，又称为三相五线制系统，适用于新建楼宇和爆炸、火灾危险性较大或安全性要求高的场所，如科研院所、计算机中心、通信局站等。

②TN-C系统。它将PE线和中线性N的功能综合起来，由一根称为保护中性线PEN的线，同时承担起保护和中性线两者的功能。在用电设备处，PEN线既连接到负荷中性点上，又连接到设备外壳等可导电部分。但应注意火线与零线要连接正确，否则外壳会带电。TN-C系统现在已很少采用，尤其在民用配电中已基本上不允许采用TN-C系统。

③TN-C-S系统。TN-C-S系统是TN-C系统和TN-S系统的结合形式。TN-C-S系统中，从电源出来的那一段采用TN-C系统，只起电能的传输作用，到用电负荷附近某一点处时，将PEN线分开成单独的N线和PE线，从这一点开始，系统相当于TN-S系统。TN-C-S系统也是目前应用比较广泛的一种系统。这里采用了重复接地这一技术，此系统适用于厂内变电站、厂内低压配电场所及民用旧楼改造。

第二节　安全用电

安全用电是研究如何预防用电事故及保障人身和设备安全的一门学科。安全用电包括供电系统安全、用电设备安全和人身安全三方面，它们之间又是紧密联系的。供电系统的故障可能导致用电设备的损坏或人身伤亡事故，而用电设备的安全隐患和使用不当也会导致局部或大范围停电，引起人身伤亡，严重的会造成社会灾难。安全用电的主要内容有：

第一，供电系统安全。发电、输电、变电和配电过程要安全、可靠。

第二，用电设备安全。大型设备的正确操作，家用电器的正确使用。

第三，人身安全。掌握安全用电常识和技能，预防各种触电事故。

一、安全用电的意义

电作为一种能源，是人类不可缺少的伙伴，电能与人们的生活息息相关，但电能在造福人类的同时，各种电气事故也给人们的生活带来了灾难。如在生活或工作中会出现触电、电击、烧伤、火灾及窒息、生命垂危、设备损坏、财产损失，从而造成不可估量的经济损失和社会影响。因此，只有掌握好安全用电的知识与技能，人们才能在工作、生活中安全用电，让电更好地为自己服务。

二、电气事故

电气事故危害大、涉及领域广，是电气安全工程主要的研究和管理对象。熟悉电气事故的危害、特点和分类，对掌握好安全用电的基本知识具有重要意义。

（一）电气事故的危害

电气事故的危害主要有两方面：

（1）对系统自身的危害，如短路、过电压、绝缘老化等。

（2）对用电设备、环境和人员的危害，如触电、电气火灾、电压异常升高造成用电设备损坏等。

（二）电气事故的特点

（1）电气事故危害大。电气事故的发生常伴随着受伤、死亡、财产损失等。

（2）电气事故的危险性从直观上很难识别。由于电本身不具备被人直观识别的特征，因此电引起的危险不易被人们察觉。

（3）电气事故涉及的领域广。电气事故的发生并不仅仅局限于用电领域，在一些非用电场所，电能的释放也会引起事故和危害。

（4）电气事故的防护研究综合性强。电气事故的机理除了电学之外，还涉及力学、化学、生物学、医学等学科的理论知识，需要综合起来研究。

（三）电气事故的类型

电气事故根据电能的不同作用形式可分为触电事故、静电危害事故、雷电灾害事故、射频电磁场危害事故和电路故障危害事故等；按发生灾害的形式又可分为人身事故、设备事故、电气火灾等。

1. 触电事故

触电事故是由电流的能量造成的。触电是指电流流经人体时对人体产生的生理和病理伤害，这种伤害是多方面的。

2. 静电危害事故

静电危害事故是由静电电荷或静电场能量引起的，是两种互相接触的非导电物质在相对运动的过程中，因摩擦而产生的带电现象。在生产和操作过程中，由于某些材料的相对运动、接触与分离等导致相对静止的正电荷和负电荷的积累，也会产生静电。

一般情况下，静电量不大，放电不易被人察觉。但当静电所积累的电能达到一定程度时，放电会伴有响声和火花，其电压可能高达数十千伏乃至数百千伏，会对生产和人身安全造成危害，甚至发生爆炸、火灾、电击等事故。

3. 雷电灾害事故

雷电是自然界中高能量静电的集聚和放电的过程。其放电时间极短，仅为50~100μs，但大气中的瞬时放电电流可达300kA，放电路径中形成的等离子体温度可达20000℃以上，并产生强烈的声光效应。雷电放电具有电流大、电压高的特点，其释放出来的能量可能形成极大的破坏力。

雷电的破坏作用主要有直击雷放电、二次放电。雷电流的热量会引起火灾和爆炸。被雷电直接击中、金属导体的二次放电、跨步电压的作用均会造成人员的伤亡。强大的雷电流、高电压可导致电气设备被击穿或烧毁；发电机、变压器、电力线路等遭受雷击，可导致大规模停电事故；雷击还可直接毁坏建筑物、构筑物等。

4. 射频电磁场危害事故

射频是指无线电波的频率或者相应的电磁振荡频率。射频伤害是由电磁场的能量造成的。在射频电磁场作用下，人体吸收辐射能量会受到不同程度的伤害。在高强度的射频电磁场作用下，可能会产生感应放电，造成电引爆器件发生意外引爆。当受电磁场作用感应出的感应电压较高时，会对人产生明显的电击。

5. 电路故障危害事故

电路故障危害是由于电能在输送、分配、转换过程中失去控制而产生的。断线、短路、异常接地、漏电、误合闸、电气设备或电气元件损坏、电子设备受电磁干扰而发生误动作等均属于电路故障。系统中电气线路或电气设备的故障会引起火灾和爆炸，造成异常带电、异常停电，从而导致人员伤亡及重大财产损失。

三、触电事故

（一）电流对人体伤害的种类

电流对人体组织的危害作用主要表现为电热性质作用、电离或电解（化学）性质作用、生物性质作用和机械性质作用。电流通过人体时，由于电流的热性质作用会引起肌体烧伤、碳化、产生电烙印及皮肤金属化现象；化学性质作用会使人体细胞由于电解而被破坏，使肌体内体液和其他组织发生分解，并破坏各种组织结构和成分；生物性质作用会引起神经功能和肌肉功能紊乱，使神经组织受到刺激而兴奋、内分泌失调；机械性质作用会使电能在体内转化为机械能引起损伤，如骨折、组织受伤。

根据伤害的性质不同，触电可分为电击和电伤两种。

1. 电击

电击是电流通过人体造成的内部器官在生理上的反应和病变，如刺痛、灼热感、痉挛、麻痹、昏迷、心室颤动或停跳、呼吸困难或停止等。电击是主要的触电事故，分为直接电击和间接电击两种。

2. 电伤

电伤是电流通过人体时，由于电流的热效应、化学效应和机械效应对人体外部造成的伤害，如电灼伤、电烙印、皮肤金属化等现象。能够形成电伤的电流一般都比较大，它属于局部伤害，其危险性取决于受伤面积、受伤深度及受伤部位。

（1）电灼伤。电灼伤分为接触灼伤和电弧灼伤两类。接触灼伤的受伤部位呈现黄色或黑褐色，可累及皮下组织、肌腱、肌肉和血管，甚至使骨骼呈碳化状态。电弧灼伤会使皮肤发红、起泡、组织烧焦、坏死。

（2）电烙印。电烙印发生在人体与带电体之间有良好接触的部位，其颜色呈灰黄色，往往造成局部麻木和失去知觉。

（3）皮肤金属化。皮肤金属化是由于高温电弧使周围金属熔化、蒸发并飞溅渗透到皮肤表面形成的伤害，一般无致命危险。

（二）电流对人体伤害程度的主要影响因素

电流对人体的伤害程度与电流通过人体的大小、电流作用于人体的时间、电流流经途径、电流频率、人体状况等因素有关。

1. 伤害程度与电流大小的关系

通过人体的电流越大，人体的生理反应就越明显。对于工频交流电，根据通过人体电流大小和人体所呈现的不同状态，习惯上将触电电流分为感知电流、摆脱电流和室颤电流三种。

感知电流是指人身能够感觉到的最小电流。成年男性的平均感知电流大约为 1.1mA，女性为 0.7mA。感知电流不会对人体造成伤害，但当电流增大时，人体的反应强烈，可能造成坠落等间接事故。

摆脱电流是指大于感知电流、人体触电后可以摆脱掉的最大电流。成年男性的平均摆脱电流大约为 16mA，女性为 10mA；成年男性的最小摆脱电流大约为 9mA，女性为 6mA，儿童则较小。

室颤电流是指引起心室颤动的最小电流。由于心室颤动几乎将导致死亡，因此通常认为室颤电流即致命电流。当电流达到 90mA 以上时，心脏会停止跳动。

在线路或设备装有防止触电的速断保护装置的情况下，人体允许通过的电流为30mA。工频交流电对人体的影响如表 2-3 所示。

表 2-3　工频交流电对人体的影响

电流大小/mA	人体感觉特征
0.6~1.5	手指开始感觉发麻
2~3	手指感觉强烈发麻
5~7	手指肌肉感觉痉挛，手指灼热和刺痛
8~10	手摆脱电极已感到困难，指尖到手腕有剧痛感
20~25	手迅速麻痹，不能自动摆脱
50~80	心房开始震颤，呼吸困难
90~100	呼吸麻痹，一定时间后心脏麻痹，最后停止跳动

2. 伤害程度与电流作用于人体时间的关系

通过人体电流的持续时间越长，电流对人体产生的热伤害、化学伤害及生理伤害就越严重。由于电流作用时间越长，作用于人体的能量累积越多，则室颤电流减小，电流波峰与心脏脉动波峰重合的可能性越大，越容易引起心室颤动，危险性就越大。

一般情况下，工频 15~20mA、直流 50mA 以下的电流对人体是安全的。但如果电流通过人体的时间很长，即使工频电流小到 8~10mA，也可能致命。这是因为通电时间越长，电流通过人体时产生的热效应越大，使人体发热，人体组织的电解液成分随之增加，导致人体电阻降低，从而使通过人体的电流增加，触电的危险也随之增加。

3. 伤害程度与电流流经途径的关系

电流通过头部可使人昏迷；通过脊髓可能导致瘫痪；通过心脏会造成心跳停止，血液循环中断；通过呼吸系统会造成窒息；通过中枢神经有关部分会引起中枢神经系统强烈失调而致残。实践证明，从左手到胸部是最危险的电流路径，从手到手和从手到脚也是很危险的电流路径，从左脚到右脚是危险性较小的电流路径。电流流经路径与通过人体心脏电流的比例关系如表 2-4 所示。

表 2-4　电流流经路径与通过人体心脏电流的比例关系

电流通过人体的路径	左手到脚	右手到脚	左手到右手	左脚到右脚
流经心脏的电流占总电流的比例/%	6.4	3.7	3.3	0.4

4. 伤害程度与电流频率的关系

不同频率的电流对人体的影响也不同。通常频率在 50~60Hz 的交流电对人体的危害最大。低于或高于此频率段的电流对人体触电的伤害程度明显减弱。高频电流有时还可以用于治疗疾病。目前，医疗上采用 20kHz 以上的交流小电流对人体进行理疗。各种频率的电流导致死亡的比例如表 2-5 所示。

表 2-5　各种频率的电流导致死亡的比例

电流频率/Hz	10	25	50	60	80	100	120	200	500	1000
死亡比例/%	21	70	95	91	43	34	31	22	14	11

5. 伤害程度与人体状况的关系

人体触电时，流过人体的电流在接触电压一定的情况下由人体的电阻决定。人体电阻的大小不是固定不变的，它取决于众多因素。当皮肤有完好的角质外层并且干燥时，人体电阻可达 10^4~$10^5\Omega$；当角质层被破坏时，人体电阻降到 800~1000Ω。总的来讲，人体电阻主要由表面电阻和体积电阻构成，其中表面电阻起主要作用。一般认为，人体电阻在 1000~2000Ω 内变化。此外，人体电阻的大小还取决于皮肤的干湿程度、粗糙度等，如表 2-6 所示。

表 2-6　不同电压下人体的电阻值

接触电压/V	人体电阻/Ω			
	皮肤干燥	皮肤潮湿	皮肤湿润	皮肤浸入水中
10	7000	3500	1200	600
25	5000	2500	1000	500
50	4000	2000	875	400
100	3000	1500	770	375

此外，人体状况的影响还与性别、年龄、身体条件及精神状态等因素有关。一般来说，女性比男性对电流敏感，小孩比大人敏感。

（三）人体触电方式

按照人体触及带电体的方式和电流通过人体的途径，触电可分为直接触电、间接触电和跨步电压触电三种方式，此外还有感应电压触电、剩余电荷触电等方式。

1. 直接触电

直接触电是指人体直接接触带电体而引起的触电。直接触电又可分为单相触电和双相触电两种。

单相触电是指人体某一部位触及一相带电体时，电流通过人体与大地形成闭合回路而引起的触电事故。这种触电的危害程度取决于三相电网中的中性点是否接地，如图 2-7 所示。

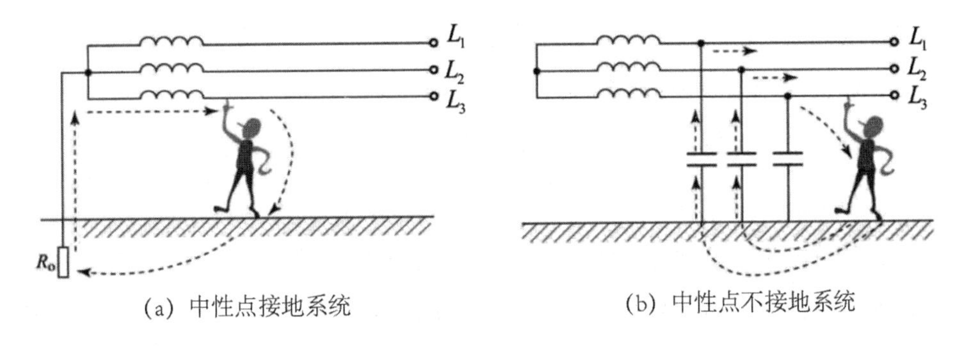

(a) 中性点接地系统　　(b) 中性点不接地系统

图 2-7　单相触电

图 2-7（a）所示为中性点直接接地系统，当人体触及一相带电体时，电流通过人体、大地、系统中性点形成闭合回路。由于接地电阻远小于人体电阻，所以电压几乎全部加在人体上，人体承受单相电压大小，通过人体的电流远大于人体所能承受的最大电流。

$$I = \frac{220}{4 + 1000} = 0.22(\mathrm{A})$$

图 2-7（b）所示为中性点不接地系统，当人体触及一相带电体时，电流通过人体，另两相对地电容形成闭合回路。由于各相对地电容较小，相对地的绝缘电阻较大，故不会造成触电。

双相触电是人体的不同部位同时触及两相带电体，电流通过人体在两相电线间形成回路引起的触电事故。此时，无论系统的中性点是否接地，人体均处于线电压的作用下，比单相触电危险性更大，通过人体的电流远大于人体所能承受的最大电流。

$$I = \frac{380}{1000} = 0.38(\mathrm{A})$$

2. 间接触电

电气设备已断开电源，但由于电路漏电或设备外壳带电，使操作人员碰触时发生间接触电，危及人身安全。

3. 跨步电压触电

若出现故障的设备附近有高压带电体或高压输电线断落在地上时，接地点周围就会存在强电场。人在接地点周围行走，人的两脚（一般距离以 0.8m 计算）分别处于不同的电位点，使两脚间承受一定的电压值，这一电压称为跨步电压。跨步电压的大小与电位分布区域内的位置有关，越靠近接地体处的跨步电压越大，触电危险性也越大。离开接地点大于 20m，则跨步电压为零。

4. 感应电压触电

感应电压触电是指当人触及带有感应电压的设备和线路时所造成的触电事故。一些不带电的线路由于大气变化（如雷电活动）会产生感应电荷；另外，停电后一些可能感应电压的设备和线路如果未及时接地，这些设备和线路对地均存在感应电压。

5. 剩余电荷触电

剩余电荷触电是指当人体触及带有剩余电荷的设备时，设备对人体放电造成的触电事故。带有剩余电荷的设备通常含有储能元件，如并联电容器、电力电缆、电力变压器及大容量电动机等，在退出运行和检修后，这些设备会带上剩余电荷，因此要及时对其进行放电。

四、触电急救

在电器操作和日常用电过程中，采取有效的预防措施，能有效地减少触电事故，但绝对避免发生触电事故是不可能的。所以，必须做好触电急救的思想和技术准备。

（一）触电急救措施

触电急救的要点是动作迅速、救护得法，切不可惊慌失措、束手无策。

触电急救，首先要使触电者迅速脱离电源。这是由于电流对人体的伤害程度与电流在人体内作用的时间有关。电流作用的时间越长，造成的伤害越严重。脱离电源就是要把与触电者接触的那一部分带电设备的开关、刀闸或其他断路设备断开，或设法将触电者与带电设备脱离。在脱离电源的过程中，救护人员既要救人，也要注意保护自己。触电者未脱离电源前，救护人员切不可直接用手触及伤员，以免有触电的危险。应采取的具体措施如下：

1. 低压触电事故

触电者触及带电体时，救护人员应设法迅速切断电源，如断开电源开关或刀闸，拔除电源插头或用带绝缘柄的电工钳切断电源。当电线搭落在触电者身上或被压在身下时，可用干燥的木棒、竹竿等作为绝缘工具挑开电线，使触电者脱离电源。如果触电者的衣服是干燥的，而且电线紧缠在其身上时，救护人员可以站在干燥的木板上，用一只手拉住触电者的衣服，将他拉离带电体，但不可触及触电者的皮肤和金属物体。

2. 高压触电事故

救护人员应立即通知有关部门停电，有条件的可以用适合该电压等级的绝缘工具（如戴绝缘手套、穿绝缘靴并使用绝缘棒）断开电源开关，解救触电者。在抢救过程中应注意保持自身与周围带电部分必要的安全距离。

（二）触电者脱离电源后的伤情判断

当触电者脱离电源后，应立即将其移到通风处，使其仰卧，迅速检查伤员全身，特别是呼吸和心跳。

1. 判断呼吸是否停止

将触电者移至干燥、宽敞、通风的地方，将衣裤放松，使其仰卧，观察其胸部或腹部有无因呼吸而产生的起伏动作。若起伏不明显，可用手或小纸条靠近触电者的鼻孔，观察有无气流流动，用手放在触电者胸部，感觉有无呼吸动作，若没有，说明呼吸已经停止。

2. 判断脉搏是否搏动

用手检查颈部的颈动脉或腹股沟处的股动脉，查看有无搏动。如有搏动，说明心脏还在跳动。另外，还可用耳朵贴在触电者的心区附近，倾听有无心脏跳动的声音。如有声音，则表明心脏还在跳动。

3. 判断瞳孔是否放大

瞳孔受大脑控制，如果大脑机能正常，瞳孔可随外界光线的强弱自动调节大小。处于死亡边缘或已死亡的人，由于大脑细胞严重缺氧，大脑中枢失去对瞳孔的调节功能，瞳孔会自行放大，对外界光线强弱不能做出反应。

根据触电者的具体情况，迅速地对症救护，同时拨打 120 通知医生前来抢救。

（三）针对触电者的不同情况进行现场救护

1. 症状轻者

症状轻者即触电者神志清醒，但感到全身无力、四肢发麻、心悸、出冷汗、恶心，或一度昏迷，但未失去知觉，暂时不能站立或走动，应将触电者抬到空气新鲜、通风良好的地方让其舒服地躺下休息，慢慢地恢复正常。要时刻注意保暖并观察触电者，若发现呼吸与心跳不规则，应立刻设法抢救。

2. 呼吸停止，心跳存在者

就地平卧解松衣扣，通畅气道，立即采用口对口人工呼吸，有条件的可进行气管插管，加压氧气人工呼吸。

3. 心跳停止，呼吸存在者

应立即采用胸外心脏按压法抢救。

4. 呼吸、心跳均停止者

应在人工呼吸的同时施行胸外心脏按压，以建立呼吸和循环，恢复全身器官的氧供应。现场抢救时，最好能有两人分别施行口对口人工呼吸及胸外心脏按压，如此交替进行，抢救一定要坚持到底。

5. 处理电击伤时，应注意有无其他损伤

如触电后弹离电源或自高空跌下，常并发颅脑外伤、血气胸、内脏破裂、四肢和骨盆骨折等。如有外伤、灼伤均须同时处理。

6. 现场抢救中，不要随意移动伤员

确须移动时，抢救中断时间不应超过 30s，在医院的医务人员未接替救治之前救治不能中止。当被抢救者出现面色好转、嘴唇逐渐红润、瞳孔缩小、心跳和呼吸迅速恢复正常，即为抢救有效的特征。

（四）触电救护方法

现场应用的主要救护方法有：口对口人工呼吸法、胸外心脏按压法、摇臂压胸呼吸法、俯卧压背呼吸法等。

1. 口对口人工呼吸法

人工呼吸是用于自主呼吸停止时的一种急救方法。通过徒手或机械装置使空气有节律地进入肺部，然后利用胸廓和肺组织的弹性回缩力使进入肺内的气体呼出，如此周而复始以代替自主呼吸。在做人工呼吸之前，首先要检查触电者口腔内有无异物，呼吸道是否通畅，特别要注意喉头部分有无痰堵塞；其次要解开触电者身上妨碍呼吸的衣物，维持好现场秩序。

口对口人工呼吸法不仅方法简单易学，而且效果最好，也较为容易掌握，其具体操作方法如下：

（1）使触电者仰卧，并使其头部充分后仰，一般应用一只手托在其颈后，使其鼻孔朝上，以利于呼吸道畅通。

（2）救护人员在触电者头部的侧面，用一只手捏紧其鼻孔，另一只手的拇指和食指掰开其嘴巴。

（3）救护人员深吸一口气，紧贴掰开的嘴巴向内吹气，也可搁一层纱布。吹气时要用力并使其胸部膨胀，一般应每 5s 吹气一次，吹 2s，放松 3s。对儿童可小口吹气。

（4）吹气后应立即离开其口或鼻，并松开触电者的鼻孔或嘴巴，让其自动呼气，约 3min。

（5）在实行口对口人工呼吸时，当发现触电者胃部充气膨胀，应用手按住其腹部，并同时进行吹气和换气。

2. 胸外心脏按压法

胸外心脏按压法是触电者心脏停止跳动后使其心脏恢复跳动的急救方法，适用于各种创伤、电击、溺水、窒息、心脏疾病或药物过敏等引起的心脏骤停，是每一个电气工作人员都应该掌握的，具体操作方法如下：

（1）使触电者仰卧在比较坚实的地方，解开领扣衣扣，使其头部充分后仰，或将其头部放在木板端部，在其胸后垫以软物。

（2）救护者跪在触电者一侧或骑跪在其腰部的两侧，两手相叠，下面手掌的根部放在心窝上方，即胸骨下三分之一至二分之一处。

（3）掌根用力垂直向下按压，用力要适中，不得太猛，成人应压陷 3~4cm，频率每分钟 60 次；对于 16 岁以下的儿童，一般应用一只手按压，用力要比成人稍轻一点，压陷 1~2cm，频率每分钟 100 次为宜。

（4）按压后掌根应迅速全部放松，让触电者胸部自动复原，血液回到心脏。放松时掌根不要离开压迫点，只是不向下用力而已。

（5）为了达到良好的效果，在进行胸外心脏按压术的同时，必须进行口对口人工呼吸。因为正常的心脏跳动和呼吸是相互联系且同时进行的，没有心跳，呼吸也要停止，而呼吸停止；心脏也不会跳动。

3. 摇臂压胸呼吸法

（1）使触电者仰卧，头部后仰。

（2）救护人员在触电者头部，一条腿做跪姿，另一条腿半蹲，两手将触电者的双手向后拉直。压胸时，将触电者的手向前顺推至胸部位置，并向胸部靠拢，用触电者的两手压胸部。在同一时间内救护者还要完成以下几个动作：跪着的一只脚向后蹬（成前弓后箭状），半蹲的前脚向前倒，然后用身体重量自然向胸部压下；压胸动作完成后，将触电者的手向左右扩张。完成后，将两手往后顺向拉直，恢复原来位置。

（3）压胸时不要有冲击力，两手关节不要弯曲。压胸深度要看对象，对于小孩不要用力过猛，对于成年人每分钟完成 14~16 次。

4. 俯卧压背呼吸法

俯卧压背呼吸法只适用于触电后溺水、腹内胀满水的情况。该方法操作要领如下：

（1）使触电者俯卧，触电者的一只手臂弯曲枕在头上，脸侧向一边，另一只手在头旁伸直。操作者跨腰跪，四指并拢，指尾压在触电者背部肩胛骨下（相当于第七对肋骨）。

（2）按压时，救护人员的手臂不要弯，用身体重量向前压。向前压的速度要快，向后收缩的速度可稍慢，每分钟完成 14~16 次。

（3）触电后溺水的情况，可将触电者面部朝下平放在木板上，木板向前倾斜 10°左右，触电者腹部垫放柔软的垫物（如枕头等），这样，压背时会迫使触电者将吸入腹内的水吐出。

五、电气安全技术

总结触电事故发生的情况，可以将触电事故分为直接触电和间接触电两大类。直接触电多是由主观原因造成的，而间接触电多是由客观原因造成的。无论是主观原因还是客观原因造成的触电事故，都可以采用安全用电技术措施来预防。因此，加强安全用电措施的学习是防止触电事故发生的重要方法。

为了防止偶然触及或过分接近带电体造成直接触电，可采取绝缘、屏护、安全间距、限制放电能量等安全措施；为了防止触及正常不带电而意外带电的导体造成的间接触电，可采取自动断开电源、双重绝缘结构、电气隔离、不接地的局部等电位连接、接地等安全措施。

（一）预防直接触电的措施

直接触电防护需要防止电流经由身体的任何部位通过，并且限制可能通过人体的电流，使之小于电击电流。

1. 选用安全电压

安全电压是指为防止触电事故而采用的由特定电源供电的电压系列。这个电压系列的上限值，在正常和故障情况下，即任何两导体间或任一导体与地之间的电压均不得超过交流有效值 50V。我国安全电压额定值的等级分为 42V、36V、24V、12V 和 6V。直流电压不超过 120V。

采用安全电压的电气设备，应根据使用地点、使用方式和人员等因素，选用国标规定的不同等级的安全电压额定值。如在无特殊安全措施的情况下，手提照明灯、危险环境的携带式电动工具应采用36V的安全电压；在金属容器内、隧道内、矿井内等工作场合，以及狭窄、行动不便、粉尘多和潮湿的环境中，应采用24V或12V的安全电压，以防止触电造成的人身伤亡。

2. 采用绝缘措施

良好的绝缘是保证电气设备和线路正常运行的必要条件。绝缘是利用绝缘材料对带电体进行封闭和隔离。绝缘材料的选用必须与该电气设备的工作电压、工作环境和运行条件相适应，否则容易造成击穿。

绝缘材料具有较高的绝缘电阻和耐压强度，可以把电气设备中电势不同的带电部分隔离开来，并能避免发生漏电、击穿等事故。绝缘材料耐热性能好，可以避免因长期过热而老化变质。此外，绝缘材料还具有良好的导热性、耐潮防雷性和较高的机械强度及工艺加工方便等特点。

3. 采用屏护措施

屏护是一种对电击危险因素进行隔离的手段，即采用屏护装置如遮栏、护罩、护盖、箱匣等把危险的带电体同外界隔离开来，以防止人体触及或接近带电体引起触电事故。

屏护装置不直接与带电体接触，对所选用材料的电气性能没有严格要求，但必须有足够的机械强度和良好的耐热、耐火性能。主要用于电气设备不便于绝缘或绝缘不足的场合，如开关电气的可动部分、高压设备、室内外安装的变压器和变配电装置等。当作业场所邻近带电体时，在作业人员与带电体之间、过道、入口处等均应装设可移动的临时性屏护装置。

4. 采用间距措施

间距措施是指在带电体与地面之间、带电体与其他设备和设施之间、带电体与带电体之间保持一定的必要的安全距离。间距的作用是防止人体触及或过分接近带电体造成触电事故，避免车辆或其他器具碰撞或过分接近带电体造成事故，防止火灾、过电压放电及各种短路事故。间距的大小取决于电压等级、设备类型、安装方式等因素。不同电压等级、设备类型、安装方式、环境所要求的间距大小也不同。

（二）预防间接触电的措施

间接触电防护需要防止故障电流经由身体的任何部位通过，并且限制可能流经人体的故障电流使之小于电击电流，即在故障情况下，触及外露可导电部分可能引起流经人体的电流等于或大于电击电流时，能在规定时间内自动断开电源。

1. 加强绝缘措施

加强绝缘措施是对电气线路或设备采取双重绝缘或对组合电气设备采用共同绝缘的措施。采用加强绝缘措施的线路或设备绝缘牢固，难以损坏，即使工作绝缘损坏后，还有一层加强绝缘，不易发生带电的金属导体裸露而造成的间接触电。

2. 电气隔离措施

电气隔离措施是采用隔离变压器或具有同等隔离作用的发电机，使电气线路和设备的带电部分处于悬浮状态的措施。即使该线路或设备的工作绝缘损坏，人站在地面上与之接触也不易触电。

3. 自动断电措施

自动断电措施是指带电线路或设备上发生触电事故或其他事故（如短路、过载、欠压等）时，在规定时间内能自动切断电源而起到保护作用的措施。如漏电保护、过电流保护、过电压或欠电压保护、短路保护、接零保护等均属于自动断电措施。

4. 电气保护接地措施

接地是将电气设备或装置的某一点（接地端）与大地之间做符合技术要求的电气连接。目的是利用大地为正常运行、绝缘损坏或遭受雷击等情况下的电气设备等提供对地电流流通回路，保证电气设备和人身的安全。

接地装置由接地体和接地线两部分组成。接地体是埋入大地和大地直接接触的导体组，它分为自然接地体和人工接地体。自然接地体是利用与大地有可靠连接的金属构件、金属管道、钢筋混凝土建筑物的基础等作为接地体。人工接地体是利用型钢如角钢、钢管、扁钢、圆钢作为接地体。电气设备或装置的接地端与接地体相连的金属导线称为接地线。

（1）工作接地。为了保证电气设备的正常工作，将电路中的某一点通过接地装置与大地可靠地连接，称为工作接地。如变压器低压侧的中性点接地、电压互感器和电流互感器的二次侧某一点接地等。变压器中性点采用工作接地后为相电压提供一个明显可靠的参考点，为稳定电网的电位起着重要作用，同时也为单相设备提供了一个回路，使系统有两种电压 380V/220V，既能满足三相设备，也能满足单相设备。我国的低压配电系统也采用了中性点直接接地的运行方式，要求工作接地电阻必须不大于 4Ω。

（2）保护接地。在中性点不接地的三相三线制供电系统中，将电气设备在正常情况下不带电的金属外壳通过接地装置与大地之间做可靠的连接，称为保护接地。如电机、开关设备、较大功率照明器具的外壳均采用该接地方式。

在中性点不接地电网中，电气设备及其装置除特殊规定外，均采用保护接地，以防止具漏电时对人体、设备造成危害。采用保护接地的电气设备及装置有电机、变压器、电器、开关、携带式或移动式用电设备的金属底座及外壳、电气设备的传动装置、配电屏、控制柜等。

当电气设备的金属外壳不接地时，使一相绝缘损坏碰壳，电流经人体电阻、大地和线路对地电阻构成回路，绝缘损坏时对地电阻变小，流经人体的电流增大，便会触电；当电气设备外壳接地时，虽有一相电源碰壳，但由于人体电阻远大于接地电阻，通过人体的电流较小，流经接地电阻的电流很大，从而保证了人体的安全。保护接地适用于中性点不接地或不直接接地的电网系统。

（3）保护接零。在中性点直接接地的三相四线制供电系统中，为了保证人身安全，把电气设备正常工作情况下不带电的金属外壳与电网中的零线做可靠的电气连接称为保护接零。对该系统来说，采用外壳接地已不足以保证安全，而应采用保护接零。当一相绝缘损坏碰壳时，在故障相中会产生很大的单相短路电流。由于外壳与零线连通，形成该相对零线的单相短路，发生短路产生的大电流使线路上的保护装置如熔断器、低压断路器等迅速动作，切断电源，消除触电危险。

保护接零的方法简单、安装可靠，但在三相四线制的供电系统中，零线是单相负载的工作电路，在正常运行时零线上的各点电位并不相等，且距离电源越远对地电位越高，一旦零线断线，不仅设备不能正常工作，而且设备的金属外壳还将带上危险的电压。因此，目前开始推广保护零线与工作零线完全分开的系统，也称为三相五线制系统（TN-S）。三相五线制系统中的“五线”指的是：三根相线、一根保护地线、一根工作零线，用于安全要求较高、设备要求统一接地的场所。

采用保护接零时要注意保护接地与保护接零的区别：

①保护原理不同。保护接地是通过接地电阻来限制漏电设备的对地电压，使之不超过安全范围。在高压系统中，保护接地除限制对地电压外，在某些情况下还具有促使电网保护装置动作的作用。保护接零是通过零线使设备漏电形成单相短路，促使线路上的保护装置动作，以及切断故障设备的电源。

②适用范围不同。保护接地适用于中性点不接地的高、低压电网，也适用于采取了其他安全措施（如装设漏电保护器）的低压电网；保护接零只适用于中性点直接接地的低压电网。

③线路结构不同。保护接地只有保护地线而无工作零线；保护接零却有保护零线和工作零线。

需要注意的是，保护零线一般用黄绿双色线，在保护零线上不能安装开关和熔断器，以防止零线断开时造成触电事故。

（4）重复接地。为了防止接地中性线断线失去接零的保护作用，在三相四线制供电系统中，会将工作零线上的一点或多点再次与地进行可靠的电气连接，称为重复接地。对1kV以下的接零系统，重复接地的接地电阻不应大于10Ω。重复接地可以降低三相不平衡电路中零线上可能出现的危险电压，减轻单相接地或高压窜入低压的危险。

5. 其他保护措施

（1）过电压保护。当电压超过预定最大值时，使电源断开或使受控设备电压降低的一种保护方式，称为过电压保护。这种方法主要采用避雷器、击穿保护器、接地装置等进行保护。

（2）静电防护。为了防止静电积累所引起的人身电击、火灾、爆炸、电子器件失效和损坏，以及对生产的不良影响而采取的一定的防范措施。这种方法主要采用接地、搭接、屏蔽等方法来抑制静电的产生，加速静电泄漏，并进行静电中和。

（3）电磁防护。电磁辐射是由电磁波形式的能量造成的，主要采用屏蔽、吸收、接地等措施来进行防护。电磁屏蔽是利用导电性能和导磁性能良好的金属板或金属网，通过反射效应和吸收效应，阻隔电磁波的传播。当电磁波遇到屏蔽体时，大部分被反射回去，其余的一小部分在金属内部被吸收而衰减。屏蔽接地是为了防止电磁感应而对电力设备的金属外壳、屏蔽罩、屏蔽线的外皮或建筑物金属屏蔽体等进行的接地措施，并将感应电流引入地下。

第三节　常用电工材料

一、导电材料

导电材料主要是金属材料，又称导电金属。用作导电材料的金属除应具有高导电性外，还应具有较高的机械强度、抗氧化性、抗腐蚀性，且容易加工和焊接。

（一）导电材料的特性

1. 电阻特性

在外电场的作用下，由于金属中的自由电子做定向运动时，不断地与晶格结点上做热振动的正离子相碰撞，使电子运动受到阻碍，因此金属具有一定的电阻。金属的电阻特性通常用电阻率ρ来表示。

2. 电子逸出功

金属中的电子脱离其本体变成自由电子所必须获得的能量称为电子逸出功，其单位为电子伏特，用eV表示。不同的金属，其电子逸出功不同。

3. 接触电位差

接触电位差是指两种不同的金属或合金接触时，两者之间所产生的电位差。

4. 温差电势

两种不同的金属接触，当两个触点间有一定的温度差时，则会产生温差电势。根据温差电势现象，选用温差电势大的金属，可以组成热电偶，用来测量温度和高频电流。此外，温度升高会使金属的电阻增大；合金元素和杂质会使金属的电阻增大；机械加工也会使金属的电阻增大；电流频率升高，金属产生趋肤效应，导体的电阻也会增大。

（二）导电材料的分类

导电材料按用途一般可分为高电导材料、高电阻材料和导线材料。

1. 高电导材料

高电导材料是指某些具有低电阻率的导电金属。常见金属的导电能力大小按顺序为银、铜、金、铝。由于金、银价格高，因此仅在一些特殊场合使用。电子工业中常用的高电导材料为铜、铝及它们的合金。

（1）铜及其合金。纯铜（Cu）呈紫红色，故又称紫铜。它具有导电性和导热性良好、不易氧化且耐腐蚀、机械强度较高、延展性和可塑性好、易于机械加工、便于焊接等优点。铜在室温、干燥的条件下，几乎不会氧化；但在潮湿的空气中，会产生铜绿；在腐蚀气体中会受到腐蚀。但纯铜的硬度不够高，耐磨性不好。所以，对于某些特殊用途的导电材料，需要在铜的成分中适当加入其他元素构成铜合金。

黄铜是加入锌元素的铜合金，具有良好的机械性能和压力加工性能，其导电性能较差，抗拉强度大，常用于制作焊片、螺钉、接线柱等。

青铜是除黄铜、白铜（镍铜合金）外的铜合金的总称。常用的青铜有锡磷青铜、铍青铜等。锡磷青铜常用作弹性材料，其缺点是导电能力差、脆性大。铍青铜具有特别高的机械强度、硬度和良好的耐磨性、耐蚀性、耐疲劳性，并有较好的导电性和导热性，弹性稳定性好，弹性极限高，用于制作导电的弹性零件。

（2）铝及其合金。铝是一种白色的轻金属，具有良好的导电性和导热性，易进行机械加工，其导电能力仅次于铜，但体积质量小于铜。铝的化学性质活泼，在常温下的空气中，其表面很快氧化生成一层极薄的氧化膜，这层氧化膜能阻止铝的进一步氧化，起到一定的保护作用。其缺点是熔点很高、不易还原、不易焊接，并且机械强度低。所以，一般在纯铝中加入硅、镁等杂质构成铝合金以提高其机械强度。

铝硅合金又称硅铝明，它的机械强度比铝高，流动性好，收缩率小，耐腐蚀，易焊接，可代替细金丝用于连接线。

（3）金及其合金。金具有良好的导电性和导热性，不易被氧化，但价格高，主要用作连接点的电镀材料。金的硬度较低，常用的是加入各种硬化元素的金基合金。其合金具有良好的抗有机污染的能力，硬度和耐磨性均高于纯金，常用在要求较高的电接触元件中作弱电流、小功率接点，如各种继电器、波段开关等。

（4）银及其合金。银的导电性和导热性很好，易于加工成型，其氧化膜也能导电，并能抵抗有机物污染。与其他贵重金属相比，银的价格比较便宜。但其耐磨性差，容易硫化，其硫化物不易导电，难以清除。因此，常采用银铜、银镁镍等合金。

银合金比银具有更好的机械性能，银铅锌、银铜的导电性能与银相近，而强度、硬度和抗硫化性均有所提高。

2. 高电阻材料

高电阻材料是指某些具有高电阻率的导电金属。常用的高电阻材料大都是铜、镍、铬、铁等合金。

（1）锰铜。它是铜、镍、锰的合金，具有特殊的褐红色光泽，电阻率低，主要用于电桥、电位差计、标准电阻及分流器、分压器。

（2）康铜。它是铜、镍合金，其机械强度高，抗氧化性强，耐腐蚀性好，工作温度较高。康铜丝在空气中加热氧化，能在其表面形成一层附着力很强的氧化膜绝缘层。康铜主要用于电流、电压的调节装置。

（3）镍铬合金。它是一种电阻系数大的合金，具有良好的耐高温性能，常用来制造线绕电阻器、电阻式加热器及电炉丝。

（4）铁铬铝合金。它是以铁为主要成分的合金，并加入少量的铬和铝来提高材料的电阻系数和耐热性。其脆性较大，不易拉成细丝，但价格便宜，常制成带状或直径较大的电阻丝。

3. 导线材料

在电子工业中，常用的连接导线有电线和电缆两大类，它们又可分为裸导线、电磁线、绝缘电线电缆、通信电缆等。

（1）裸导线。裸导线是没有绝缘层的电线，常用的有单股或多股铜线、镀锡铜线、电阻合金线等。其种类、型号及用途如表 2-7 所示。

表 2-7 常用裸导线的种类、型号及用途

种类		型号	主要用途
裸单线	硬圆铜单线	TY	作电线电缆的芯线和电器制品（如电机、变压器等）的绕组线。硬圆铜单线也可作电力及通信架空线
	软圆铜单线	TR	
裸单线	镀锡软铜单线	TRX	用于电线电缆的内、外导体制造及电器制品的电气连接
	裸铜软天线	TTR	适用于通信的架空天线
裸型线	软铜扁线	TBR	适用于电机、电器、配电线路及其他电工制品
	硬铜扁线	TBY	
	裸铜电刷线	TS、TSR	用于电机及电气线路上的连接电刷
电阻合金线	镍铬丝	Cr20Ni80	供制造发热元件及电阻元件用，正常工作温度为 1000℃
	康铜丝	KX	供制造普通线绕电阻器及电位器用，能在 500℃ 条件下使用

裸导线又可以分为圆单线、型线、软接线和裸绞线。

①圆单线：如单股裸铝、单股裸铜等，用作电机绕组等。

②型线：如电车架空线、裸铜排、裸铝排、扁钢等，用作母线、接地线。

③软接线：如铜电刷线、铜绞线等，用作连接线、引出线、接地线。

④裸绞线：用于架空线路中的输电导线。

（2）电磁线。电磁线（绕组线）是指用于电动机、电器及电工仪表中，作为绕组或元件的绝缘导线，一般涂漆或包缠纤维绝缘层。电磁线主要用于铸电机、变压器、电感器件及电子仪表的绕组等。电磁线的导电线芯有圆线和扁线两种，目前大多采用铜线，很少采用铝线。由于导线外面有绝缘材料，因此电磁线有不同的耐热等级。

常见的电磁线有漆包线和绕包线两类，其型号、名称、主要特性及用途如表 2-8 所示。

表 2-8 常用电磁线的型号、名称、主要特性及用途

型号	名称	主要特性及用途
QZ-1	聚酯漆包圆铜线	电气性能好，机械强度较高，抗溶剂性能好，耐温在 130℃ 以下。用作中小型电动机、电气仪表等的绕组
QST	单丝漆包圆钢线	用于电动机、电气仪表的绕组
QZB	高强度漆包扁铜线	主要性能同 QZ-1，主要用于大型线圈的绕组
QJST	高频绕组线	高频性能好，用作绕制高频绕组

①漆包线的绝缘层是漆膜，广泛应用于中小型电动机及微电动机、干式变压器和其他电工产品中。

②绕包线是用玻璃丝、绝缘纸或合成树脂薄膜等紧密绕包在导电线芯上，形成绝缘层；也有在漆包线上再绕包绝缘层的。

（3）绝缘电线电缆。绝缘电线电缆一般由导电的线芯、绝缘层和保护层组成。线芯有单芯、二芯、三芯和多芯几种。绝缘层用于防止放电或漏电，一般使用橡皮、塑料、油纸等材料。保护层用于保护绝缘层，可分为金属保护层和非金属保护层。

屏蔽电缆是在塑胶绝缘电线的基础上，外加导电的金属屏蔽层和外护套而制成的信号连接线。屏蔽电缆具有静电屏蔽、电磁屏蔽和磁屏蔽的作用，它能防止或减少线外信号与线内信号之间的相互干扰。屏蔽线主要用于 1MHz 以下频率的信号连接。

绝缘电线电缆是用于电力、通信及相关传输用途的材料。在导体外挤（绕）包绝缘层，如架空绝缘电缆或几芯绞合（对应电力系统的相线、零线和地线），如二芯以上架空绝缘电缆，或再增加护套层，如塑料/橡套电线电缆。主要用在发电、配电、输电、变电、供电线路中的强电电能传输，其通过的电流大（几十安至几千安）、电压高（220V～500kV 以上）。射频电缆型号及命名方法如表 2-9 所示。

表 2-9　射频电缆型号及命名方法

分类代号或用途		绝缘		护套		派生特性	
符号	意义	符号	意义	符号	意义	符号	意义
S	射频同轴电缆	Y	聚乙烯实芯	V	聚氯乙烯	P	屏蔽
SE	射频对称电缆	YF	发泡聚乙烯	F	氟塑料	Z	综合式
ST	特种射频电缆	YK	纵孔聚乙烯	B	玻璃丝编织	D	镀铜屏蔽层
SJ	强力射频电缆	X	橡皮	H	橡胶套		
SG	高压射频电缆	D	聚乙烯空气	VZ	阻燃聚氯乙烯		
SZ	延迟射频电缆	F	氟塑料实芯	Y	聚乙烯		
SS	电视电缆	U	氟塑料空气				

塑胶绝缘电线是在裸导线的基础上外加塑胶绝缘的电线。通常将芯数少、产品直径小、结构简单的产品称为电线，没有绝缘的称为裸电线，其他的称为电缆；导体截面积大于 $6mm^2$ 的称为大电线，小于或等于 $6mm^2$ 的称为小电线。塑胶绝缘电线广泛用于电子产品的各部分、各组件之间的各种连接。塑胶绝缘电线的型号及命名方法如表 2-10 所示。

表 2-10　塑胶绝缘电线的型号及命名方法

分类代号或用途		绝缘		护套		派生特性	
符号	意义	符号	意义	符号	意义	符号	意义
A	安装线	V	聚氯乙烯	V	聚氯乙烯	P	屏蔽
B	布电线	F	氟塑料	H	橡胶套	R	软
F	飞机用低压	Y	聚乙烯	B	编织套	S	双绞
R	日用电器用软线	X	橡皮	L	蜡克	B	平行

续表

分类代号或用途		绝缘		护套		派生特性	
Y	一般工业移动电器用线	ST	天然丝	N	尼龙套	D	带形
T	天线	B	聚丙烯	SK	尼龙丝	T	特种
		SE	双丝包				

电源软导线的主要作用是连接电源插座与电气设备。选用电源线时，除导线的耐压要符合安全要求外，还应根据产品的功耗，适当选择不同线径的导线。电器用聚氯乙烯软导线的参数如表 2-11 所示。

表 2-11 电器用聚氯乙烯软导线的参数

导体			成品外径/mm						导体电阻率/（Ω·km⁻¹）	容许电流/A
截面积/mm²	结构根/直径/mm	外径/mm	单芯	双根绞合	平形	圆形双芯	圆形三芯	长圆形		
0.5	20/0.18	1.0	2.6	5.2	2.6×5.2	7.2	7.6	7.2	36.7	6
0.75	30/0.18	1.2	2.8	5.6	2.8×5.6	7.6	8.0	7.6	24.6	10
1.25	50/0.18	1.5	3.1	6.2	3.1×6.2	8.2	8.7	8.2	14.7	14
2.0	37/0.26	1.8	3.4	6.8	3.4×6.8	8.8	9.3	8.8	9.5	20

为了整机装配及维修方便，导线和绝缘套管的颜色通常按一定的规定选用。导线颜色选用如表 2-12 所示。

表 2-12 导线颜色选用表

电路种类		导线颜色	
一般交流线路		①白	②灰
三相 AC 电源线	A 相	黄	
	B 相	绿	
	C 相	红	
	工作零线（中性线）	淡蓝	
	保护零线（安全地线）	黄和绿双色线	
直流（DC）线路	+	①红	②棕
	0（GND）	①黑	②紫
	-	①蓝	②白底青纹
晶体管	E（发射极）	①红	②棕
	B（基极）	①黄	②橙
	C（集电极）	①青	②绿

续表

电路种类		导线颜色		
立体声电路	R（右声道）	①红	②橙	③无花纹
	L（左声道）	①白	②灰	③有花纹
指示灯		青		

（4）通信电缆。通信电缆是指用于近距离的音频通信和远距离的高频载波、数字通信及信号传输的电缆。根据通信电缆的用途和使用范围，可将其分为市内通信电缆、长途对称电缆、同轴电缆、海底电缆、光纤电缆、射频电缆。

①市内通信电缆：包括纸绝缘市内话缆、聚烯烃绝缘护套市内话缆。

②长途对称电缆：包括纸绝缘高低频长途对称电缆、铜芯泡沫聚乙烯高低频长途对称电缆及数字传输长途对称电缆。

③同轴电缆：包括小同轴电缆、中同轴电缆和微小同轴电缆。

④海底电缆：包括对称海底电缆和同轴海底电缆。

⑤光纤电缆：包括传统的电缆型电缆、带状列阵型电缆和骨架型电缆。

⑥射频电缆：包括对称射频电缆和同轴射频电缆。

（三）常用线材的使用条件

1. 电路条件

（1）允许电流。允许电流是指常温下工作的电流值，导线在电路中工作时的电流要小于允许电流。导线的允许电流应大于电路总的最大电流，且应留有余地，以保证导线在高温下能正常使用。

（2）导线的电阻电压降。当有电流流经导线时，由于导线电阻的作用，会在导线上产生压降。导线的直径越大，其电阻越小，压降越小。当导线很长时，要考虑导线电阻对电压的影响。

（3）额定电压和绝缘性。由于导线的绝缘层在高压下会被击穿，因此，导线的工作电压应远小于击穿电压（一般取击穿电压的1/3）。使用时，电路的最大电压应低于额定电压，以保证绝缘性能和使用安全。

（4）使用频率及高频特性。导线的趋肤效应、绝缘材料的介质损耗使得在高频情况下导线的性能变差，因此，高频时可用镀银线、裸粗铜线或空心铜管。对不同的频率应选用不同的线材，要考虑高频信号的趋肤效应。

（5）特性阻抗。不同的导线具有不同的特性阻抗，二者不匹配时会引起高频信号的反射。在射频电路中还应考虑导线的特性阻抗，以保证电路的阻抗匹配及防止信号的反射波。

（6）信号电平与屏蔽。当信号较小时，会引起信噪比的降低，导致信号的质量下降，此时应选用屏蔽线，以降低噪声的干扰。

2. 环境条件

（1）温度。环境温度的影响会使导线的绝缘层变软或变硬，以致其变形、开裂，从而造成短路。

（2）湿度。环境潮湿会使导线的芯线氧化，绝缘层老化。

（3）气候。恶劣的气候会加速导线的老化。

（4）化学药品。许多化学药品都会造成导线腐蚀和氧化。

因此，选用的线材应能适应环境的温度、湿度及气候的要求。一般情况下，导线不要与化学药品及日光直接接触。

3. 机械强度

选择的线材应具备良好的拉伸强度、耐磨损性和柔软性，质量要轻，以适应环境的机械振动等条件。

二、绝缘材料

绝缘材料又称电介质，是指具有高电阻率且电流难以通过的材料。通常情况下，可认为绝缘材料是不导电的。

（一）绝缘材料的作用

绝缘材料的作用就是将电气设备中电势不同的带电部分隔离开来。因此，绝缘材料首先应具有较高的绝缘电阻和耐压强度，能避免发生漏电、击穿等事故；其次是其耐热性能要好，能避免因长期过热而老化变质；此外，还应具有良好的导热性、耐潮防雷性和较高的机械强度及工艺加工方便等特点。根据上述要求，常用绝缘材料的性能指标有绝缘强度（kV/mm）、抗张强度、体积质量、膨胀系数等。

（二）绝缘材料的分类

1. 绝缘材料按化学性质分类

绝缘材料按化学性质可分为无机绝缘材料、有机绝缘材料和复合绝缘材料。

（1）无机绝缘材料。无机绝缘材料有云母、石棉、大理石、瓷器、玻璃、硫黄等。主要用作电动机、电器的绕组绝缘，开关的底板和绝缘子等。无机绝缘材料的耐热性好、不易燃烧、不易老化，适合制造稳定性要求高而机械性能坚实的零件，但其柔韧性和弹性较差。

（2）有机绝缘材料。有机绝缘材料有虫胶、树脂、橡胶、棉纱、纸、麻、人造丝等，大多用来制造绝缘漆、绕组导线的被覆绝缘物等。其特点是轻、柔软、易加工，但耐热性不好、化学稳定性差、易老化。

（3）复合绝缘材料。复合绝缘材料是由以上两种材料经过加工制成的各种成型绝缘材料，用作电器的底座、外壳等。

2. 绝缘材料按形态分类

绝缘材料按形态可分为气体绝缘材料、液体绝缘材料和固体绝缘材料。

（1）气体绝缘材料。气体绝缘材料就是用于隔绝不同电位导电体的气体。在一些设备中，气体作为主绝缘材料，其他固体电介质只能起支撑作用，如输电线路、变压器相间绝缘均以气体作为绝缘材料。

气体绝缘材料的特点是气体在放电电压以下有很高的绝缘电阻，发生绝缘破坏时也容易自行恢复。气体绝缘材料具有很好的游离场强和击穿场强，化学性质稳定，不易因放电作用而分解。与液体和固体相比，其缺点是绝缘屈服值低。

常用的气体绝缘材料包括空气、氮气、二氧化碳、六氟化硫及它们的混合气体。其广泛应用于架空线路、变压器、全封闭高压电器、高压套管、通信电缆、电力电缆、电容器、断路器及静电电压发生器等设备中。

（2）液体绝缘材料。液体电介质又称为绝缘油，在常温下为液态，用于填充固体材料内部或极间的空隙，以提高其介电性能，并改进设备的散热能力，在电气设备中起绝缘、传热、浸渍及填充作用。如在电容器中，它能提高其介电性能，增大每单位体积的储能量；在开关中，它能起灭弧作用。

液体绝缘材料的特点是具有优良的电气性能，即击穿强度高、介质损耗较小、绝缘电阻率高、相对介电常数小。

常用的液体绝缘材料有变压器油、断路器油、电容器油等，主要用在变压器、断路器、电容器和电缆等油浸式的电气设备中。

（3）固体绝缘材料。固体绝缘材料是用来隔绝不同电位导电体的固体。一般还要求固体绝缘材料兼具支撑作用。

固体绝缘材料的特点是：与气体绝缘材料、液体绝缘材料相比，由于其密度较高，因此其击穿强度也很高。

固体绝缘材料可以分成无机的和有机的两大类。无机固体材料主要有云母、粉云母及云母制品，玻璃、玻璃纤维及其制品，以及电瓷、氧化铝膜等。它们耐高温，不易老化，具有相当高的机械强度，其中某些材料如电瓷等，成本低，在实际应用中占有一定的地位。其缺点是加工性能差，不易适应电工设备对绝缘材料的成型要求。有机固体材料主要有纸、棉布、绸、橡胶、可以固化的植物油、聚乙烯、聚苯乙烯、有机硅树脂等。

第三章　电子技术

第一节　直流稳压电源

电子设备中都需要稳定的直流电源，功率较小的直流电源大多数都是将 50 Hz 的交流电经过整流、滤波和稳压后获得的。

一、直流稳压电源的组成与作用

小功率直流稳压电源由电源变压器、整流电路、滤波电路、稳压电路组成。

各部分的作用如下：

1. 电源变压器：由于所需直流电压的数值较低，而电网电压比较高，所以在整流前首先用电源变压器把 220 V 电网电压变换成所需要的交流电压值。

2. 整流电路：利用整流元件的单向导电性，将交流电变成方向不变，但大小随时间变化的脉动直流电。

3. 滤波电路：利用电容器、电感线圈的储能特性，把脉动直流电中的交流成分滤掉，从而得到较为平滑的直流电。

4. 稳压电路：电网电压的波动或负载发生改变，都会引起输出电压的改变。采用稳压电路可以减轻因电网电压波动和负载变化造成的直流电压变化。

二、直流稳压电路

直流稳压电路的分类方法有多种，根据直流稳压电路组成的元件类型可以分为分立元件型直流稳压电路和集成稳压电路；根据直流稳压电路中的核心元件（调整管）与负载之间的连接关系可以分为并联型直流稳压电路和串联型直流稳压电路；根据直流稳压电路核心元件（调整管）的工作状态可以分为线性直流稳压电路和开关直流稳压电路；根据直流稳压电路的适用范围可以分为通用型直流稳压电路和专用型直流稳压电路。下面介绍几种常用的直流稳压电路。

（一）并联型直流稳压电路

1. 电路组成

并联型直流稳压电路（硅稳压管稳压电路）的电路组成，如图 3-1 所示，稳压电路主要由硅稳压管和限流电阻组成。

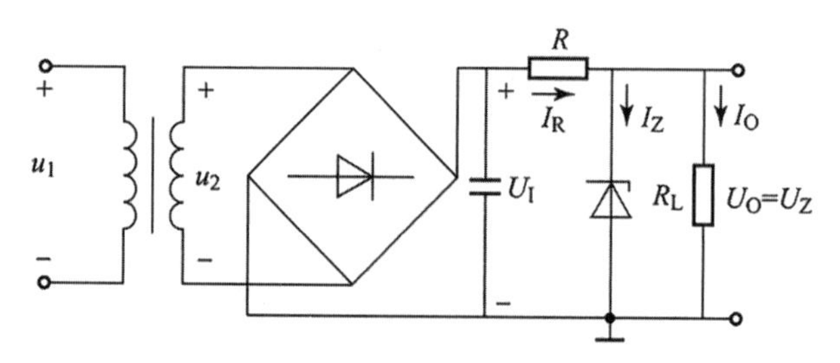

图 3-1　并联型直流稳压电路

2. **工作原理**

输入电压 u_1 波动时会引起输出电压 U_0 波动。u_1 升高将引起 U_0 随之升高，导致稳压管的电流 I_Z 急剧增加，使得电阻 R 上的电流 I_R 和电压 U_R 迅速增大，从而使 U_0 基本上保持不变；反之，当 u_1 减小时，U_R 相应减小，仍可保持 U_0 基本不变。

当负载电流发生变化引起输出电流 I_0 发生变化时，同样会引起 I_Z 的相应变化，使得 U_0 保持基本稳定。如当 I_0 增大时，I_R 和 U_R 均会随之增大使得 U_0 下降，这将导致 I_Z 急剧减小，使 I_R 仍维持原有数值保持 U_R 不变，使得 U_0 得到稳定。

3. **电路的特点**

硅稳压管稳压电路具有结构简单、负载短路时稳压管不会损坏等优点。但输出电压不能调节，负载电流变化范围小，只适合负载电流较小、稳压要求较低的场合。

（二）串联型直流稳压电路

1. 电路组成及各部分的作用

串联型直流稳压电路一般由取样环节、基准电压、比较放大环节、调整环节四个部分组成，如图 3-2 所示。

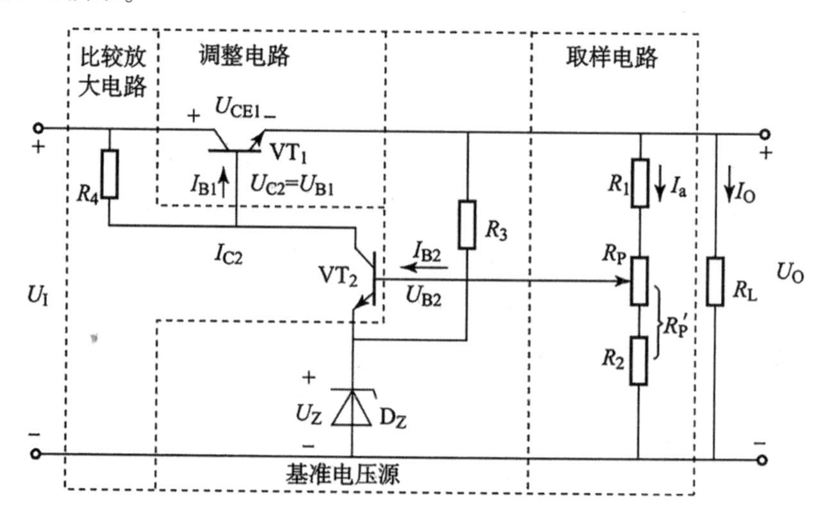

图 3-2　串联型直流稳压电路的组成

可以看出，这是一个由分立元件组成的串联型直流稳压电路，各组成部分的作用如下：

①取样环节。由 R_1、R_P、R_2 组成的分压电路构成，它将输出电压 U_0 分出一部分作为取样电压 U_F，送到比较放大环节。

②基准电压。由稳压二极管 D_Z 和电阻 R_3 构成的稳压电路组成，它为电路提供一个稳定的基准电压 U_Z，作为调整、比较的标准。

③比较放大环节。由 VT_2 和 R_4 构成的直流放大器组成，其作用是将取样电压 U_F 与基准电压 U_Z 之差放大后去控制调整管 VT_1。

④调整环节。由工作在线性放大区的功率管 VT_1 组成，VT_1 的基极电流 I_{B1} 受比较放大电路输出的控制，它的改变又可以使集电极电流 I_{C1} 和集、射电压 U_{CE1} 改变，从而达到自动调整稳定输出电压的目的。

2. 稳压工作原理

当输入电压 U_I 或输出电流 I_0 变化引起输出电压 U_0 增加时，取样电压 U_F 相应增大，使 VT_2 管的基极电流 I_{B2} 和集电极电流 I_{C2} 随之增加，VT_2 管的集电极电位 U_{C2} 下降，因此 VT_1 管的基极电流 I_{B1} 下降，使得 I_{C1} 下降，U_{CE1} 增加，U_0 下降，使 U_0 保持基本稳定。

同理，当 U_I 或 I_0 变化使 U_0 降低时，调整过程相反，U_{CE1} 将减小，使 U_0 保持基本不变。从上述调整过程可以看出，该电路是依靠电压负反馈来稳定输出电压的。

3. 采用集成运算放大器的串联型直流稳压电路

如果用集成运算放大器替代分立元件的比较放大电路，则得到采用集成运算放大器的串联型直流稳压电路，如图 3-3 所示。

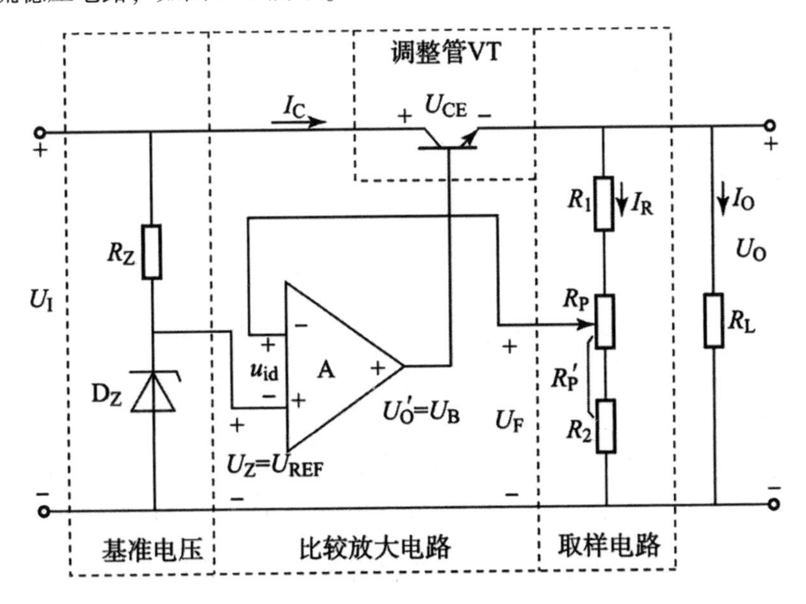

图 3-3　集成运算放大器的串联型直流稳压电路

可以看出，其电路组成部分、工作原理及输出电压的计算与前述电路完全相同，唯一不同之处是放大环节采用集成运算放大器而不是晶体管。因此，该电路的稳压性能将会更好。

（三）集成稳压器

集成稳压器是将稳压电路的主要元件甚至全部元件制作在一块硅基片上的集成电路，因而具有体积小、使用方便、工作可靠等特点。

集成稳压器的类型很多，作为小功率的直流稳压电源，应用最为普遍的是三端式串联型集成稳压器。三端式集成稳压器是指集成稳压电路仅有输入、输出、接地（或公用）三个接线端子的集成稳压电路。

根据稳压电路的输出电压类型可以分为三端固定式集成稳压器和三端可调式集成稳压器两种；根据稳压电路的输出电压极性可以分为正电压输出型（W7800）集成稳压器和负电压输出型（W7900）集成稳压器。

1. 基本电路

如图 3-4 所示。

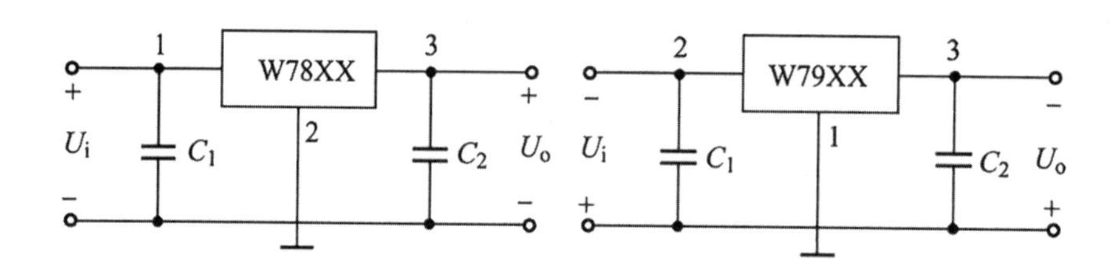

图 3-4　集成稳压器的基本电路

在基本电路中，输出电压 $U_0 = U_Z$。

2. 提高输出电压的电路

如图 3-5 所示。

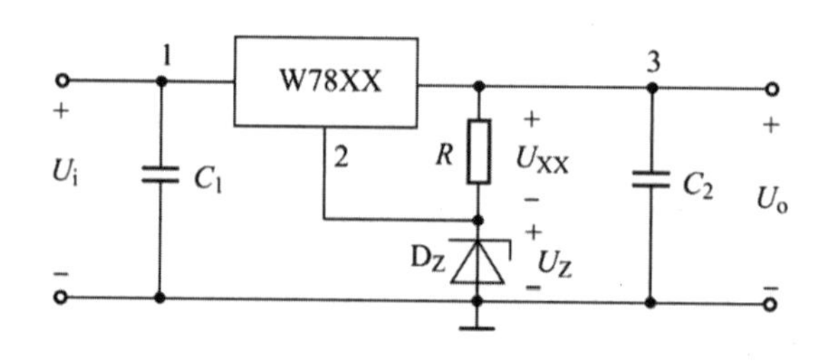

图 3-5　提高输出电压的电路

在上述电路中，输出电压 $U_0 = U_{XX} + U_Z$。

3. 能同时输出正、负电压的电路

如图 3-6 所示。

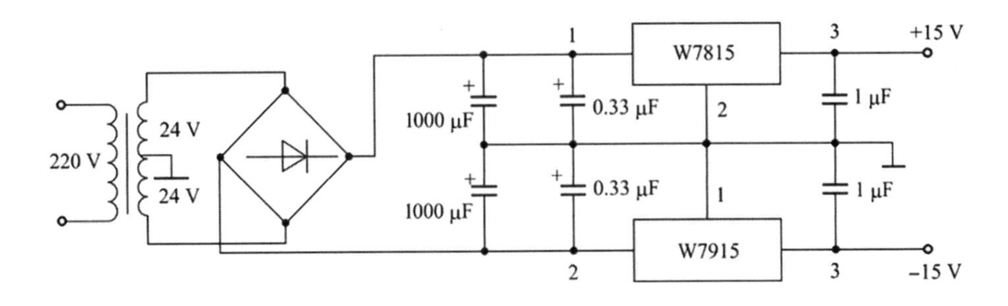

图 3-6 能同时输出正、负电压的电路

4. 三端可调集成稳压电路

如图 3-7 所示。该电路的主要性能：输出电压可调范围为 1.2~37V，最大输出电流为 1.5A，输出与输入电压之差允许范围为 3~40V。

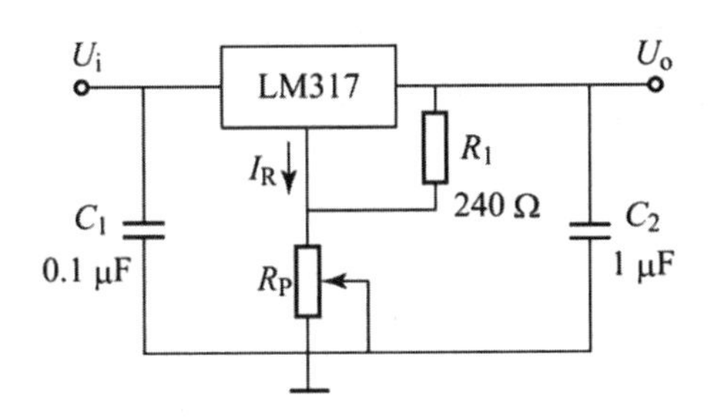

图 3-7 三端可调集成稳压电路

第二节 门电路和组合逻辑电路

一、门电路

逻辑门电路是用来实现一定逻辑关系的电子电路，简称门电路，它是组成数字电路最基本的单元。所谓“逻辑”关系，是指事物的条件与结果之间的关系。数字电路的逻辑关系就是输出信号与输入信号之间的关系。按照逻辑功能的不同可将门电路分为基本逻辑门和复合逻辑门。基本逻辑门包括与门、或门、非门，复合逻辑门包括与非门、或非门、与或非等。

（一）与门电路

1. 与逻辑关系

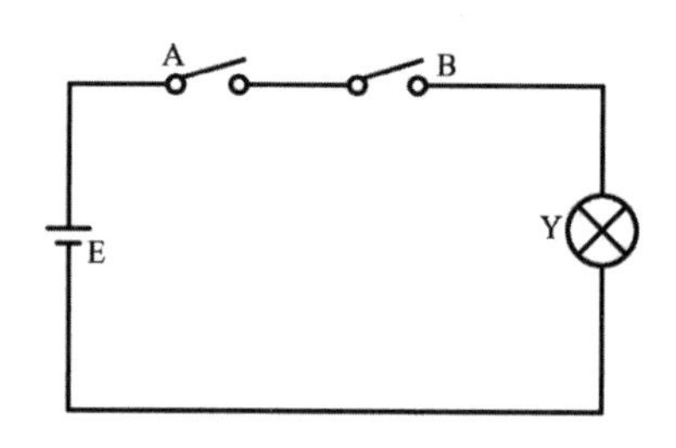

图 3-8　与逻辑关系电路图

如图 3-8 所示的电路，开关 A 和开关 B 串联与灯泡 Y 和电源 E 组成回路，要想使灯泡 Y 亮的条件是开关 A 和 B 同时闭合，只要开关 A 和开关 B 有一个不闭合或都不闭合，灯 Y 就不亮。这里开关 A、B 的闭合与灯泡 Y 亮的关系可描述为条件 A 和 B 同时满足时，事件才会发生，这种关系称为逻辑与关系，也称为逻辑乘，其逻辑表达式为

$$Y=A \cdot B$$

其中，“·”为逻辑乘符号，也可省略，读作 Y 等于 A 与 B。

2. 与逻辑真值表

若用 0 表示开关断开和灯灭，用 1 表示开关闭合和灯亮，则可将开关 A、B 和灯 Y 的各种取值的可能性用表 3-1 表示，这种反映开关状态和电灯“亮”“灭”之间的逻辑关系的表格称为逻辑真值表，简称真值表。

表 3-1　与逻辑真值表

A	B	Y
0	0	0
0	1	0
1	0	0
1	1	1

3. 与运算的规律

$$0 \cdot 0=0$$

$$0 \cdot 1=0$$

$$1 \cdot 0=0$$

$$1 \cdot 1=1$$

（二）或门电路

1. 或逻辑关系

如图 3-9 所示，开关 A 和开关 B 并联与灯泡 Y 和电源 E 组成回路，要想使灯泡 Y 亮的条件是开关 A 和 B 至少有一个闭合。只有开关 A 和开关 B 都断开时，灯泡 Y 才不会亮。这里开关 A 或 B 的闭合与灯泡亮的关系为只要有一个条件满足事件就会发生，这种关系称为逻辑或关系，也称为逻辑加，其逻辑表达式为：

$$Y=A+B$$

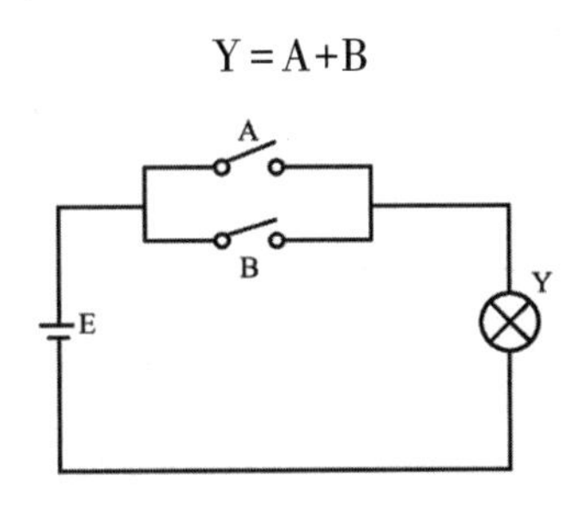

图 3-9　或逻辑关系电路图

2. 或逻辑真值表

其中，“+”为逻辑或符号，读作 Y 等于 A 或 B。

若用 0 表示开关断开和灯灭，用 1 表示开关闭合和灯亮，则可将开关 A、B 和灯 Y 的各种取值的可能性用真值表 3-2 表示。

表 3-2　或逻辑真值表

A	B	Y
0	0	0
0	1	1
1	0	1
1	1	1

3. 或运算的规律

$$0+0=0$$

$$0+1=1$$

$$1+0=1$$

$$1+1=1$$

（三）非门电路

1. 非逻辑关系

如图 3-10 所示，当开关 A 闭合时灯 Y 灭，当开关 A 断开时灯 Y 亮。这里开关 A 的断

开与灯泡 Y 亮的关系称为非逻辑关系，即事件的结果和条件总是相反状态，其逻辑表达式为

$$Y=\bar{A}$$

其中，字母上方的“-”表示非运算或反运算，读作 Y 等于 A 非，或读作 Y 等于 A 反。

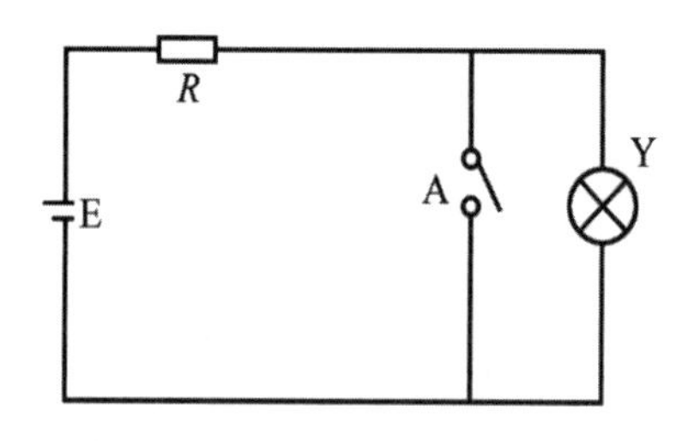

图 3-10 非逻辑关系电路图

2. 非逻辑真值表

若用 0 表示开关断开和灯灭，用 1 表示开关闭合和灯亮，则可将开关 A 和灯 Y 的各种取值的可能性用真值表 3-3 表示。

表 3-3 非逻辑真值表

A	Y
0	1
1	0

3. 非运算的规律

$$\bar{0}=1$$

$$\bar{1}=0$$

二、组合逻辑电路

（一）组合逻辑电路的相关概念

1. 组合逻辑电路的内涵

电路在任何时刻的输出只取决于该时刻的输入，而与该时刻之前的电路状态无关，即与输入信号作用前的电路状态无关，这种逻辑电路称为组合逻辑电路。

2. 组合逻辑电路的构成

由于组合逻辑电路是即时的，因此组合逻辑电路主要由基本逻辑门电路构成，没有记

忆元件，同时输出与输入之间没有反馈，其构成示意框图如图3-11所示。

图3-11　组合逻辑电路构成示意框图

其中，I_1，I_2，…，I_n 为组合逻辑电路的输入逻辑变量；Y_1，Y_2，…，Y_m 为组合逻辑电路的输出逻辑变量，其输出和输入之间应满足如下关系式：

$$Y_i = f(I_1, I_2, \cdots, I_n) \quad (i = 1, 2, \cdots, m)$$

（二）组合逻辑电路的分析

组合逻辑电路的分析是指根据给定的逻辑电路图，运用逻辑电路运算规律，写出逻辑函数表达式、真值表。确定电路的逻辑功能的过程称为组合逻辑电路的分析。

组合逻辑电路的分析步骤如下：

（1）根据给定的逻辑电路图，从输入级到输出级逐级推出输出变量与输入变量之间的逻辑函数表达式。

（2）利用公式化简法对逻辑函数表达式进行化简。

（3）根据化简后的表达式列出真值表，罗列输出和输入信号的状态。

（4）用真值表来分析电路的逻辑功能，最后用文字概括描述相关的逻辑功能。

（三）组合逻辑电路的设计

组合逻辑电路的设计是指根据给定的实际问题，经过分析，画出实现其逻辑功能的逻辑电路的过程，即由逻辑功能到逻辑图。

组合逻辑电路的设计过程如下：

（1）根据给定的实际问题，经过分析，确定输入、输出变量并且赋值，将实际问题转化为逻辑问题。

（2）根据逻辑功能的描述列写真值表。

（3）由真值表写出相应的逻辑函数表达式。

（4）运用公式法进行逻辑函数表达式的化简。

（5）由逻辑函数表达式画出相应的逻辑电路图。

第三节 触发器和时序逻辑电路

一、触发器

（一）触发器的基本知识

在数字系统中，需要对数字信号及这些信号运算完后的结果进行保存。因此，在电路中就需要具有记忆功能、能进行信息储存的基本逻辑单元电路，而触发器就是具有这种功能的基本逻辑单元电路。

一般情况下，触发器具有两个稳定的状态，分别是 0 状态和 1 状态，在没有输入信号时，触发器能保持原来的状态。另外，触发器有两个输出端，分别用 Q 和 $\bar{Q}$ 来表示，这两个输出端是互补的。此外，我们通常用 Q 端的状态来表示触发器的状态，当 $Q=1$，$\bar{Q}=0$ 时，称为触发器的 1 状态，记作 $Q=1$；当 $Q=0$，$\bar{Q}=1$ 时，称为触发器的 0 状态，记作 $Q=0$。

当外界有输入信号时，在输入信号的作用下，触发器可以从一个稳定状态转换为另一个稳定状态，我们把触发器之前的状态称为现态，用 Q^n 表示；触发器转换后的状态称为次态，用 Q^{n+1} 表示。

（二）触发器的表示方法

触发器常用特性表、特性方程、状态图和波形图来表示其逻辑功能。其中，特性表是用来表示触发器次态 Q^{n+1} 和输入信号及现态 Q^n 之间的关系的表格，特性方程是用来表述触发器次态 Q^{n+1} 和输入信号及现态 Q^n 之间的关系的表达式，而状态图是用来描述触发器状态转换的条件及转换过程的图形。

（三）触发器的分类

触发器按照逻辑功能可分为 RS 触发器、JK 触发器、D 触发器等，按照电路结构可分为基本触发器、主从触发器、边沿触发器等，按照触发方式又可分为电平触发器和边沿触发器。

二、基本 RS 触发器

（一）电路构成

基本 RS 触发器由两个与非门首尾交叉相连构成，其逻辑电路如图 3-12（a）所示。

其中，R，S为输入端，$\bar{R}$称为复位端或置“0”端，$\bar{S}$称为置位端或置“1”端，Q和$\bar{Q}$是输出端。图3-12（b）是基本RS触发器的逻辑符号，$\bar{R}$和$\bar{S}$上面有“-”表示低电平有效，表现在逻辑符号中就是在逻辑符号的外框线加小圆圈。

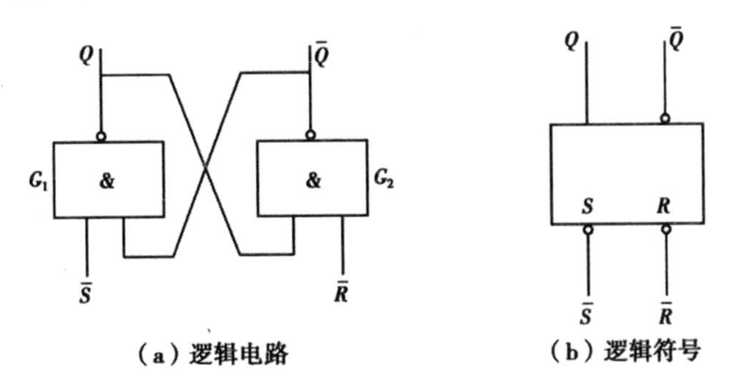

图3-12 基本RS触发器

（二）逻辑功能

（1）$\bar{R}=1$，$\bar{S}=1$，触发器保持原来状态，即$Q^{n+1}=Q^n$。

（2）$\bar{R}=1$，$\bar{S}=0$，由于$\bar{S}$是有效电平，无论触发器现态Q^n是1态还是0态，触发器都是置1，即$Q^{n+1}=1$。

（3）$\bar{R}=0$，$\bar{S}=1$，由于$\bar{R}$是有效电平，无论触发器现态Q^n是1态还是0态，触发器都是置0，即$Q^{n+1}=0$。

（4）$\bar{R}=0$，$\bar{S}=0$，由于$\bar{R}$和$\bar{S}$都是有效电平，因此会导致触发器状态不定，这种情况是不允许的，因为会导致逻辑混乱或逻辑错误。

三、同步RS触发器

基本RS触发器由输入信号直接控制输出信号，而在实际应用中，为了能使电路各部分步调一致，往往需要触发器在同一时刻动作，这就需要一个时钟信号来控制触发器，即在时钟脉冲到来时，输入信号才起作用。这个时钟信号就简称为时钟脉冲，用CP来表示。由时钟脉冲CP控制的RS触发器称为同步RS触发器。

（一）电路构成

同步RS触发器是在基本RS触发器的基础上又增加了两个与非门，并且在输入端增加了时钟脉冲信号，其逻辑电路及逻辑符号如图3-13所示。

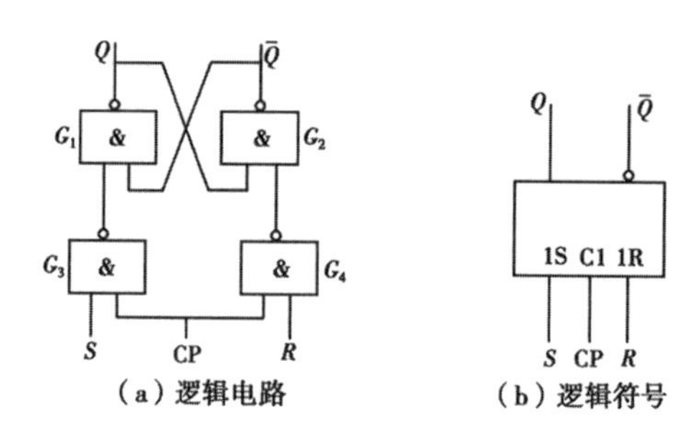

图 3-13　同步 RS 触发器

（二）逻辑功能

（1）CP=0 时，无论 S、R 如何变化，G_3 和 G_4 两个与非门的输出都为 1，即相当于基本 RS 触发器中 $\bar{R}=\bar{S}=1$，因此触发器状态保持不变，$Q^{n+1}=Q^n$。

（2）CP=1 时，G_3 和 G_4 两个与非门的输出将取决于 S、R 的输入信号，同步 RS 触发器上半部分是基本 RS 触发器，因此 $\bar{R}=\overline{R\cdot \mathrm{CP}}=\overline{R\cdot 1}$，$\bar{S}=\overline{S\cdot \mathrm{CP}}=\overline{S\cdot 1}$。

若 $R=0$，$S=1$，则 $\bar{R}=1$，$\bar{S}=0$，那么触发器置 1，即 $Q^{n+1}=1$。

若 $R=1$，$S=0$，则 $\bar{R}=0$，$\bar{S}=1$，那么触发器置 0，即 $Q^{n+1}=0$。

若 $R=0$，$S=0$，则 $\bar{R}=1$，$\bar{S}=1$，那么触发器状态保持不变，即 $Q^{n+1}=Q^n$。

若 $R=1$，$S=1$，则 $\bar{R}=0$，$\bar{S}=0$，那么触发器状态不定，这种情况是不允许的。

（三）同步 RS 触发器的空翻

同步 RS 触发器在 CP=1 期间内，若 R、S 输入信号多次变化，则会导致输出信号也多次变化，这种现象称为触发器的空翻。空翻会使得逻辑混乱，致使电路无法正常工作。

四、JK 触发器

前面介绍的同步 RS 触发器存在空翻问题，还存在不确定状态，为了解决这些问题，同时又提高触发器的抗干扰能力，在此我们向大家介绍边沿触发器。所谓边沿触发器是指触发器只在时钟脉冲下降沿（CP 由 1→0）或上升沿（CP 由 0→1）接收输入信号，并且输入信号决定着输出信号，其他时刻触发器状态不变。最常用的边沿触发器是边沿 JK 触发器。

（一）边沿 JK 触发器的逻辑符号

边沿 JK 触发器的逻辑符号如图 3-14 所示，图中 J、K 为信号输入端，CP 为时钟脉冲控制端，在框图中 CP 一端标有“∧”和“。”，表示在时钟脉冲下降沿有效；若框图中

CP 一端只标有“∧”而无“。”，则表示在时钟脉冲上升沿有效。

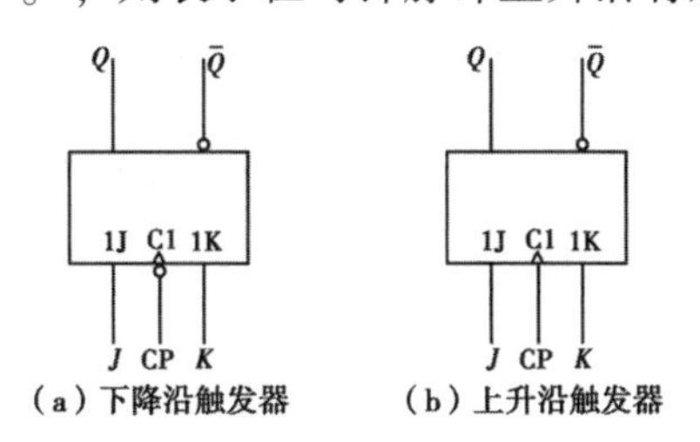

图 3-14　边沿 JK 触发器逻辑符号

（二）边沿 JK 触发器的波形图

图 3-15 为边沿 JK 触发器的波形图，图中触发器的初始态为 0 状态，在 CP 脉冲的每一个下降沿，输出信号 Q 由输入信号 J、K 来决定。

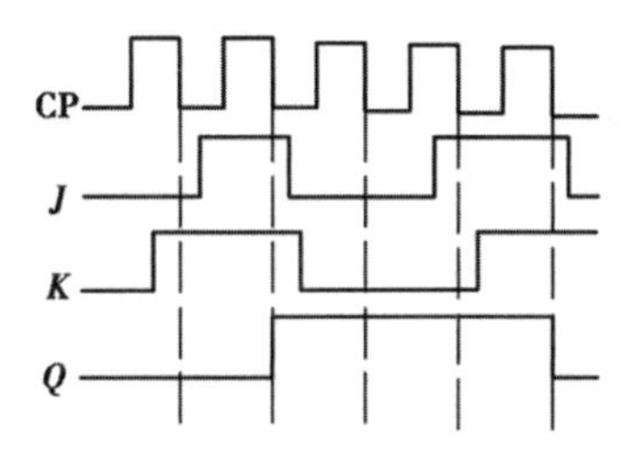

图 3-15　边沿 JK 触发器的波形图

五、D 触发器

在 CP 时钟脉冲作用下，输出信号由输入信号 D 来决定，且具有置 1、置 0 功能的电路，称为 D 触发器。D 触发器可以分为同步 D 触发器和边沿 D 触发器。

（一）边沿 D 触发器的逻辑符号

边沿 D 触发器的逻辑符号如图 3-16 所示，D 为输入端，CP 为时钟脉冲控制端，方框图中 CP 一端标有“∧”表示在脉冲上升沿有效。R_D 和 S_D 为直接复位端和直接置位端，都是低电平有效。

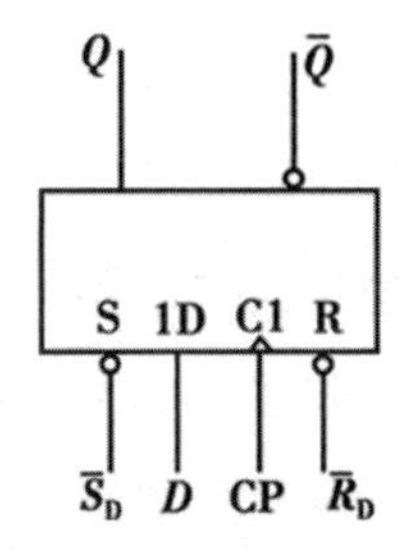

图 3-16　边沿 D 触发器的逻辑符号

（二）边沿D触发器的波形图

图3-17为边沿D触发器的波形图，图中触发器的初始态为0状态，在CP脉冲的每一个上升沿，输出信号Q都由输入信号D来决定。

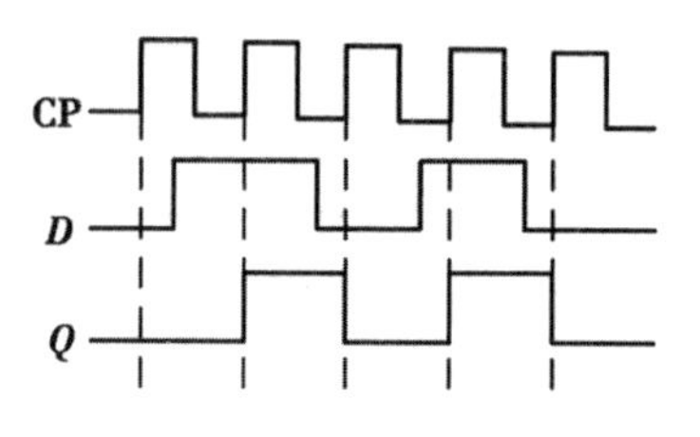

图3-17　D触发器的波形图

同步D触发器的逻辑功能与边沿D触发器基本一致，只是对时钟脉冲CP的要求不一样，在此我们将不再赘述。

六、时序逻辑电路

（一）时序逻辑电路的概念

时序逻辑电路又称为时序电路，它是指任意时刻电路的输出不仅取决于该时刻电路的输入，还取决于电路之前的状态。我们把这类具有存储、记忆功能的电路称为时序逻辑电路。

（二）时序逻辑电路的构成

时序逻辑电路是由组合逻辑电路和存储电路构成的，而存储电路是由触发器构成的，因此我们可以用触发器的现态和次态来表示时序逻辑电路的现态和次态。另外，存储电路的输出必须反馈到输入端，与输入信号共同决定电路的输出。

数字电路中的数码寄存器、计数器、存储器等都是时序电路的基本单元电路。

时序逻辑电路的结构特点：除含有组合电路外，时序电路还含有存储信息的有记忆能力的触发器、寄存器、计数器等电路。

（三）时序逻辑电路的种类

根据电路状态转换的时刻不同，时序逻辑电路可分为同步时序电路和异步时序电路。同步时序电路中，所有触发器的时钟控制端CP都连在一起，即在同一个时钟脉冲的控制下，触发器的状态转换和时钟脉冲是同步的。而在异步时序电路中，没有统一的时钟信号，即触发器的状态变化有先后，并不是和时钟脉冲CP同步的。

第四章　电工技术

第一节　变压器

变压器是根据电磁感应原理制成的一种电气设备，可以将某一种电压或电流的交流电转变为频率相同的另一种电压或电流的交流电，同时还可以用来改变相数和变换阻抗。

根据变压器的用途不同，可分为输配电用的电力变压器、电子产品用的整流变压器、焊接用的电焊变压器、实验室用的自耦变压器等。

根据变压器的制作工艺不同，可以分为油浸式变压器和干式变压器。

尽管变压器的种类很多，但它们的基本结构和工作原理都是相同的。

一、变压器的基本结构及形式

变压器主要由铁芯和绕组两个基本部分组成。按照铁芯的构造和绕组与铁芯的相对位置，变压器可以分为芯式和壳式两种。

（一）铁芯

铁芯是变压器的磁路部分，在交变的电磁转换中提供闭合回路，增强电磁感应，减小漏磁。为了减少涡流损耗，铁芯一般采用0.35~0.5 mm厚的硅钢片叠成，硅钢片表面涂有绝缘漆，使片与片之间彼此绝缘，以阻止涡流在片间流通。

在变压器的工作过程中，铁芯起着导磁通的作用，此时磁场会在铁芯断面上形成闭合电流，我们称为涡流。涡流使变压器的损耗增加，并且使变压器的铁芯发热，从而使变压器的温度增加。由涡流所产生的损耗称为铁损。

（二）绕组

变压器绕组是由绝缘铜线或铝线绕制而成的。按一次绕组和二次绕组的相对位置不同，可分为同芯式绕组和交叠式绕组。芯式变压器通常采用同芯式绕组，把一、二次绕组绕制成同芯的两个直径不同的圆筒，组装时，把低压绕组套在铁芯上，高压绕组套在外面，一、二次绕组间隔以绝缘筒。壳式变压器通常采用交叠式绕组，把高、低压绕组交替地套在铁芯上，靠近上、下两端铁轭的是低压绕组，高、低压绕组之间隔以绝缘层。

绕制变压器绕组需要大量的铜或铝扁线，这些导线存在一定阻值，在电流作用下会消耗功率，这部分损耗往往以热能的形式进行消耗，我们将这种损耗称为铜损。

（三）其他附件

变压器除了铁芯和绕组主体部分外，还有冷却装置等其他附件。油浸式电力变压器的铁芯和绕组浸入盛满冷却油的箱体内，外部有高、低压绝缘套管，分接开关、气体继电器、储油柜、信号温度计等。

干式变压器与油浸式电力变压器相比，其最大区别在于制造工艺和冷却方式不同。

二、变压器的工作原理

为了便于分析，将一次和二次绕组分别画在两边的铁芯上，用于取代同芯式或交叠式绕组，但工作原理是一致的。

（一）空载运行

当一次绕组加交流电压 U_1 时，将二次绕组与负载两端开路，即变压器空载运行，如图 4-1 所示。此时，一次绕组便有交流电 i_0 通过，i_0 称为空载电流或励磁电流。在励磁电流作用下，通过 N_1 匝的一次绕组产生正弦交变的磁通。由硅钢片制成的铁芯的磁阻远小于空气的磁阻，所以绝大部分磁通会沿着铁芯而闭合，称为主磁通 Φ 。此外，还有很少一部分磁通 $\Phi_{\sigma 1}$ 在穿过一次绕组后会沿附件的空间而闭合，这部分磁通称作一次绕组的漏磁通 $\Phi_{\sigma 1}$ 。由于空载电流很小，漏磁通所产生的感应电动势可以忽略不计。

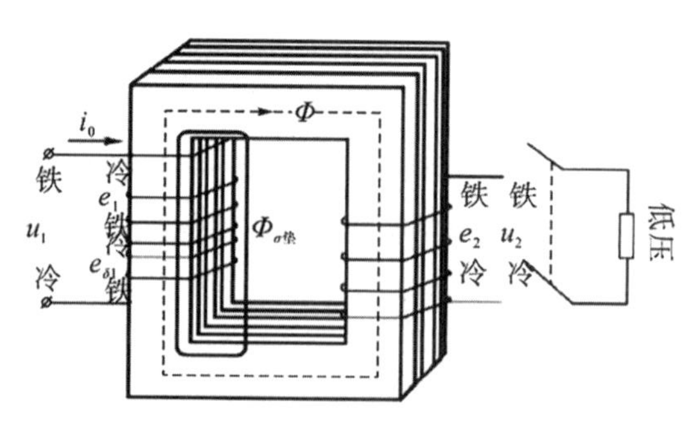

图 4-1　空载时的变压器

空载时，变压器 N_1 匝一次绕组的感应电动势 E_1 在数值上几乎等于外加电压 U_1，即

$$U_1 \approx E_1 = 4.44 f \Phi_m N_1 \tag{4-1}$$

空载时，变压器 N_2 匝二次绕组的开路电压 U_2 与二次绕组中的感应电动势 E_2 相等，即

$$U_2 = E_2 = 4.44 f \Phi_m N_2 \tag{4-2}$$

所以

$$\frac{U_1}{U_2} \approx \frac{E_1}{E_2} = \frac{N_1}{N_2} = K \tag{4-3}$$

式中，K 称为变压器的变压比，简称变比。当 $N_1 > N_2$ 时，$K>1$，变压器降压；当 $N_1 < N_2$ 时，$K<1$，变压器升压。由此可见，只要使一次、二次绕组有不同绕组，就可以达到升压或降压的目的。在变压器实际生产过程中，同一台变压器会根据不同的配电要求，预留出不同匝数比的接线头，以满足电力需求。

空载运行时，主磁通在铁芯中传导过程中，空载电流很小，占额定电流的 2%~8%，因此空载时变压器的铜损耗很小。但由于电压是额定电压，因此铁芯中的磁通幅值已经是额定运行时的数值（其实还要略高些），此时变压器的铁损就已经达到额定运行时的数值。

（二）负载运行

把负载接到变压器二次绕组两端，变压器便负载运行。这时一次、二次绕组中都有电流通过，因而在一次、二次绕组中建立了相应的磁通势。除了闭合铁芯中产生的主磁通 Φ 以外，一次、二次绕组上还有少量的漏磁通 $\Phi_{\sigma 1}$ 和 $\Phi_{\sigma 2}$，如图 4-2 所示。此时变压器进行功率传输。

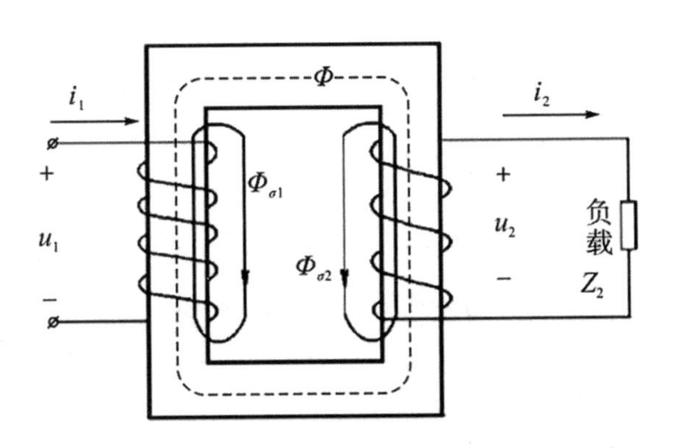

图 4-2　有载时的变压器

变压器负载运行时产生的主磁通和空载运行时总是相等的。由于此时变压器的铁损和铜损很小，在忽略不计的情况下，可以认为变压器一次绕组输入功率 $P_1 = U_1 I_1$ 等于二次绕组输出功率 $P_2 = U_2 I_2$，从而推导出：

$$\frac{I_1}{I_2} \approx \frac{U_2}{U_1} = \frac{N_2}{N_1} = \frac{1}{K} \tag{4-4}$$

即一次、二次绕组中的电流和它们的匝数成反比。当二次绕组端的负载增加，引起 I_2 增大时，I_1 也必须随着增大，才能达到磁通平衡。因此，变压器一次电流 I_1 的大小是由二次电流 I_2 的大小来决定的。

（三）阻抗变换

变压器不仅可以起到变换电压和变换电流的作用，还可以起到变换参量的作用。

如图 4-3（a）所示，负载阻抗 Z 接在变压器二次端，而图中虚线部分可以用一个阻抗 Z' 来等效代替。所谓等效，就是说在原方电源上直接接入 Z'，如图 4-3（b）所示。

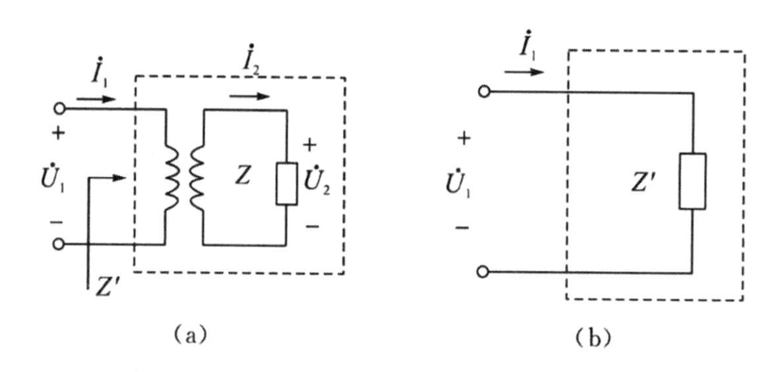

图 4-3　负载阻抗的等效变换

根据分析可以得出：

$$Z' = \frac{U_1}{I_1} = \frac{\frac{N_1}{N_2} \cdot U_2}{\frac{N_2}{N_1} \cdot I_2} = \left(\frac{N_1}{N_2}\right)^2 \cdot \frac{U_2}{I_2} = K^2 \cdot Z \tag{4-5}$$

当变比 K 不同时，负载阻抗 Z 反映到原方的等效阻抗 Z' 也不同。当负载 Z 一定时，采用不同的匝数比，把负载阻抗变换为所需数值，这种做法通常称为阻抗匹配。

三、三相变压器

在三相交流电输配电系统中，常常需要将三相电压进行交换，因此就需要三相变压器。其铁芯结构有两种结构，即三角形排列和水平排列。通常把三相铁芯排列在同一水平面上，这种结构节约材料、效率高、维护简单、价格便宜，因此得到广泛应用。

三相变压器的一次、二次绕组可以根据实际需求，接成星形或三角形。三相变压器的铁芯与绕组如图 4-4 所示。其中，U_1U_2、V_1V_2、W_1W_2 为三相一次绕组，u_1u_2、v_1v_2、w_1w_2 为三相二次绕组。

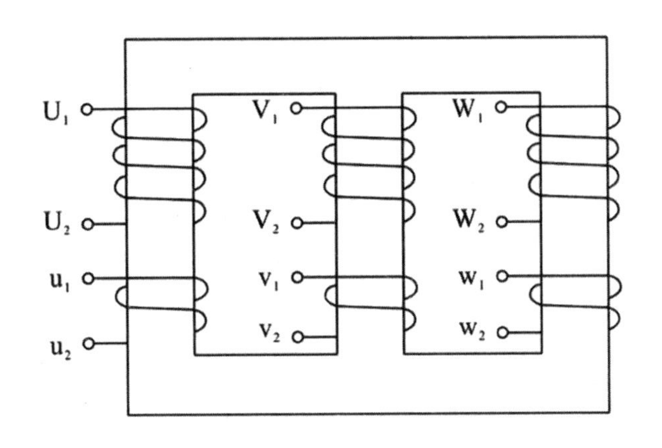

图 4-4 三相变压器的铁芯与绕组

三相变压器常用“Y，yn”“Y，d”“YN，d”“D，y”等标准连接法。根据变压器国家标准规定，大写字母表示高压侧，写在逗号左边；小写字母表示低压侧，写在逗号右边。其中，“Y，yn”连接的变压器常安装在中小型工厂或小区配电房中，不仅能提供线电压 380V 的三相电源，还能提供相电压 220V 的单相电源。“Y，d”“D，y”两种连接方式常用在变电站作降压或升压之用。

四、变压器铭牌

变压器铭牌上标注有变压器的型号、额定值、线圈连接图、分接电压等技术参数。

（一）额定容量

变压器额定容量 S_N 用视在功率表示，是变压器正常运行时所传递的最大输出功率，单位是千伏安（kVA）。对于三相变压器，额定容量为三相容量之和。在实际应用中，电力用户的负荷应为变压器额定容量的 75%～90%。

（二）额定电压

额定电压分为输入额定电压和输出额定电压。额定电压 U_{1N} 是一次绕组的输入额定电压，是根据变压器的绝缘等级和发热条件规定的。额定电压 U_{2N} 是空载运行时，一次绕组加上额定电压后，二次绕组的输出电压。额定电压的数值为有效值。

（三）额定电流

额定电流是变压器正常运行时，发热量不超过允许值的满载电流值，可以根据额定容量和额定电压计算出额定电流。额定电流的数值为有效值。

对于单相变压器：

$$I_{1N}=\frac{S_N}{U_{1N}},\quad I_{2N}=\frac{S_N}{U_{2N}} \tag{4-6}$$

对于三相变压器：

$$I_{1N}=\frac{S_N}{\sqrt{3}U_{1N}},\quad I_{2N}=\frac{S_N}{\sqrt{3}U_{2N}} \tag{4-7}$$

第二节　三相异步电动机及其控制

一、三相异步电动机的结构

三相异步交流电动机的结构主要由两大部分组成，一是固定不动的部分（简称定子），二是可以自由旋转的部分（简称转子）。定子与转子之间有一个很小的气隙。此外，还有机座、端盖、轴承、接线盒、风扇等其他部分。异步电动机根据转子绕组结构的不同，可分为鼠笼式和绕线式两种。鼠笼式异步电动机的转子绕组本身自成闭合回路，整个转子形成一个坚实的整体，其结构简单牢固、运行可靠、价格便宜，应用最为广泛，小型异步电动机绝大部分属于这类。绕线式异步电动机的结构比鼠笼式复杂，但启动性能较好，需要时还可以调节电动机的转速。

（一）定子

定子是用来产生旋转磁场的，主要由定子铁芯、定子绕组和机座等部分组成。鼠笼式和绕线式异步电动机的定子结构是完全一样的。

1. 定子铁芯

定子铁芯是三相异步电动机磁路的一部分，其槽中嵌放定子绕组。由于旋转磁场相对于定子铁芯以同步转速旋转，因此铁芯中的磁通是交变的。为减小由旋转磁场在定子铁芯中引起的涡流和磁滞损耗，定子铁芯通常采用导磁性能较好、厚度为0.35~0.5mm、表面涂有绝缘漆的硅钢片叠装而成。为了嵌放定子绕组，硅钢片的内圆表面冲有均匀分布的槽。若铁芯直径小于1m，则采用整圆硅钢片叠装；若铁芯直径大于1m，则采用扇形硅钢片叠装。

2. 定子绕组

定子绕组是异步电动机定子的电路部分，其作用是通入三相交流电后产生旋转磁场。它是用高强度漆包线绕制成固定形式的线圈，嵌入定子槽内，再按照一定的接线规律相互连接而成的。三相异步电动机的定子绕组通常有六根出线头，根据电动机的容量和需要可接成星形（Y）或三角形（△）。对于大、中型异步电动机，通常采用△接法；对于中、小容量异步电动机，则可按不同的要求接成Y接法或△接法。

（二）转子

转子是异步电动机的转动部分，它在定子绕组旋转磁场的作用下获得一定的转矩而旋转，通过联轴器或皮带轮带动其他机械设备做功。转子由转子铁芯、转子绕组和转轴等部分组成。

1. 转子铁芯

转子铁芯也是电动机磁路的一部分，通常由厚度为0.35~0.5mm的硅钢片叠装而成，铁芯固定在转轴上或套在转轴的支架上，整个转子铁芯的外表面呈圆柱形。硅钢片的外圆周表面冲有均匀分布的槽。为了旋转，转子铁芯与定子铁芯之间有一定的间隙，称为气隙，其大小通常在0.25~1.5mm范围内。

2. 转子绕组

转子绕组是闭合的，在气隙磁场的作用下，产生感应电动势和电流，产生电磁转矩。按照转子绕组结构形式的不同，可分为鼠笼式和绕线式两种。

（1）鼠笼式转子。鼠笼式转子绕组是自行闭合的短路绕组。对于大、中型异步电动机，一般在转子铁芯的每个槽中插入一根铜条，在伸出铁芯两端的槽口处，铜条两端分别焊在两个铜环（端环或短路环）上，构成转子绕组。为了节约用铜，小型及微型异步电动机一般都采用铸铝转子，这时导条、端环及端环上的风扇叶片铸在一起，整个转子形成一个坚实的整体。如果去掉铁芯，绕组的外形就像一个“鼠笼”，所以称为鼠笼式转子。其构成的电动机称为鼠笼式异步电动机。

（2）绕线式转子。绕线式转子绕组与定子绕组相似，是用绝缘导线绕制而成的，嵌于转子槽内，其与定子绕组形成的极对数相同，连接成Y接法，绕组的三个出线端分别接到轴的三个滑环上，再通过电刷引出。绕线式转子的特点是可以通过滑环和电刷在转子绕组回路中串入附加电阻，以改善电动机的启动性能或调节电动机的转速。有的绕线式电动机还装有短路提刷装置，在电动机启动完毕后，移动手柄，电刷即被提起，同时三只滑环彼此短接，以减少电刷与滑环的摩擦损耗，从而提高运行的可靠性。

3. 转轴

转轴一般用中碳钢制作。转子铁芯套在转轴上，它支撑着转子，使转子能在定子内腔均匀地旋转。转轴的轴伸端上有键槽，通过键槽、联轴器与生产机械相连，传导三相电动机的输出转矩。

（三）机座

机座是电动机的外壳和支架，它的作用是固定和保护定子铁芯、定子绕组并支撑端盖，所以要求机座具有足够的机械强度和刚度，能承受运输和运行过程中的各种作用力。中、小型异步电动机通常采用铸铁机座，定子铁芯紧贴在机座的内壁，电动机运行时铁芯和绕组产生的热量主要通过机座表面散发到空气中去，因此，为了增加散热面积，在机座外表面装有散热片。对大型异步电动机，一般采用钢板焊接机座，此时为了满足通风散热的要求，机座内表面与定子铁芯隔开适当距离，以形成空腔，作为冷却空气的通道。

二、三相异步电动机的绕组

绕组是三相异步电动机进行电磁能量转换与传递的关键部件，也是电动机结构的核心。三相电动机的绕组是三相对称绕组，三相绕组可接成 Y 或△接法。相绕组由支路构成，支路由线圈组构成，线圈组由线圈构成。

（一）绕组的分类

交流绕组可按相数、绕组层数、每极下每相绕组所占槽数、绕组形状和绕组绕制方式等来分类。

（1）按相数分为单相绕组、三相绕组和多相绕组。

（2）按绕组层数分为单层绕组和双层绕组。

（3）按每极下每相绕组所占槽数分为整数槽绕组和分数槽绕组。

（4）按绕组形状分为叠绕组、波绕组和同心绕组。

（5）按绕组绕制方式分为成型绕组和分立绕组。

（6）按绕组跨距大小分为整距绕组（$y=\tau$）、短距绕组（$y<\tau$）和长距绕组（$y>\tau$）。其中 y 为绕组跨距，τ 为极距。

（二）交流电机的定子绕组构成原则

交流电机的定子绕组大多为三相绕组。绕组是电机的主要部件，要分析交流电机的原理和运行问题，必须先对交流绕组的构成和连接规律有一个基本的了解。交流绕组的形式虽然各不相同，但它们的构成原则却基本相同，这些原则是：

（1）合成电动势和合成磁动势的波形要接近于正弦形，幅值要大。

（2）对三相绕组，各相的电动势和磁动势要对称，电阻、电抗要平衡；空间位置彼此互差 120°电角度。

（3）绕组的铜耗要小，用铜量要省。

（4）绝缘要可靠，机械强度、散热条件要好，制造要方便。

三、三相异步电动机的工作原理

三相异步电动机定子接三相电源后，电机内便形成圆形旋转磁动势，产生圆形旋转磁场，设其方向为逆时针转，如图 4-5 所示。

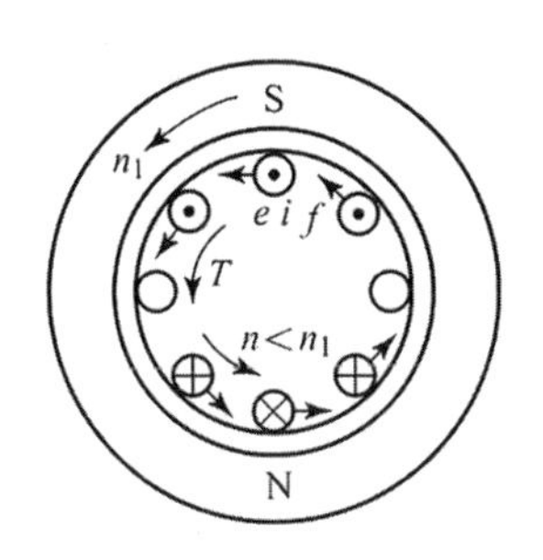

图 4-5　异步电动机工作原理

若转子不转，转子鼠笼导条与旋转磁场有相对运动，导条中有感应电动势，方向可由右手定则确定。由于转子导条彼此在端部短路，于是导条中有电流，不考虑电动势与电流的相位差时，电流方向与电动势方向相同。这样，导条就在磁场中受力，受力方向可用左手定则确定，如图 4-5 所示。转子受力后产生转矩，此转矩为电磁转矩 T，方向与旋转磁动势同方向，转子便沿该方向旋转起来。

转子旋转后，转速为 n，只要转子导条与磁场仍有相对运动，就会产生与转子不转时相同方向的电动势、电流并受力，电磁转矩仍然为逆时针方向，转子继续旋转，在 $T = T_L$ 情况下稳定运行（其中 T_L 为负载转矩）。

异步电动机不可能依靠自身的电磁转矩达到旋转磁场的同步转速，因为如果两者相等，转子导条与旋转磁场之间没有相对运动，转子导条中没有感应电动势和电流，电动机便没有电磁转矩。由于转子转速与定子旋转磁场的转速必须有差异才能产生电磁转矩，所以称为异步电动机。又由于转子导条中的电动势和电流是由电磁感应产生的，所以异步电动机又称为感应电动机。

综上所述，三相电流通入三相绕组产生旋转磁场，旋转磁场在转子导条感应电流，转子导条通过电流又与旋转磁场作用产生电磁转矩使转子转动，这就是异步电动机旋转的基本原理。

定子旋转磁场的同步转速 n_1 与转子的转速 n_2 之差，称为转差 $\Delta n = n_1 - n_2$。转差与同步转速之比称为转差率 s，即

$$s = \frac{n_1 - n_2}{n_1} \tag{4-8}$$

转差率是表征异步电动机运行性能的一个重要参数，根据转差率的大小和正负便可以

判断异步电动机是否运行在电动状态、发电状态或电磁制动状态。

四、三相异步电动机的运行状态

异步电动机有三种运行状态，分析这三种运行状态时，将定子旋转磁场用磁极 N、S 表示，定子、转子感应电动势和电流方向用以前的方法标出，如图 4-6 所示。

（一）电动运行状态

如果转子顺着旋转磁场的方向旋转，且 $0<n<n_1$，也就是 $1>s>0$，电动机处于电动状态。这时各电磁量的方向如图 4-6（b）所示。

假设旋转磁场以 n_1逆时针方向旋转，相当于转子导体顺时针方向切割磁力线，N 极下的转子导体中感应电动势的方向，由右手定则知为“⊕”，转子电流有功分量 i_2与 e_2同相，i_2与旋转磁场作用产生电磁力并形成电磁转矩，由左手定则知电磁转矩为逆时针方向，带动转子顺旋转磁场方向旋转，克服轴上负载的转矩做功，输出机械功率，因而是电动运行状态。

（二）发电运行状态

如果用原动机拖动转子顺着旋转磁场的方向旋转，使转子的转速 n 高于旋转磁场的转速 n_1，即 $n>n_1$，$s<0$，异步电动机便运行于发电状态，如图 4-6（c）所示。转子导体切割磁力线的方向与电动状态相反，转子电动势和电流都改变了方向，所以电磁转矩也变为顺时针方向，与原动机拖动转子的方向相反，对原动机起制动作用，转子从原动机吸收机械功率，送出电功率，因而是发电状态。专门作为发电机运行的异步电动机有时用于小型水力、风力和潮汐发电站。较多情况是异步电动机从电动运行状态过渡到发电状态，例如，当吊车重物下降，转速大于同步转速时就会出现这种情况。

（三）电磁制动运行状态

若在某种情况下，使转子逆着旋转磁场方向转动，即 $n<0$，$s>1$，异步电动机就运行于电磁制动状态，如图 4-6（a）所示。由于这时转子导体切割旋转磁场的方向与电动运行时相同，所以转子感应电动势、电流有功分量和转矩的方向都不变。这时的电磁转矩方向与旋转磁场的转向相同，与转子转向相反，因此起制动作用。

电磁制动用来获得制动转矩，例如起重机下放重物时，如让重物自由下坠非常危险，这时要使电动机运行在电磁制动状态，由电磁转矩来制止转子加速，调整其下降速度。

一台异步电动机既可以运行在电动状态，也可以运行在发电状态或电磁制动状态，这是由外界条件所决定的。

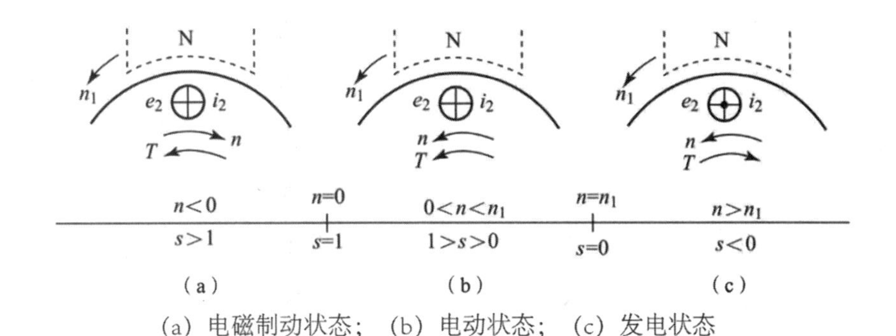

(a) 电磁制动状态；(b) 电动状态；(c) 发电状态

图 4-6 异步电动机的三种状态

五、三相异步电动机的铭牌数据

三相异步电动机的铭牌上标明了电动机的型号、额定数据等。

以 Y132M-4 型电动机为例，来说明铭牌（见图 4-7）上各个数据的意义。

三相异步电动机					
型号	Y132M-4	功率	7.5kW	频率	50Hz
电压	380V	电流	15.4A	接法	△
转速	1440r/min	绝缘等级	B	工作方式	连续
年 月 编号				××电机厂	

图 4-7 Y132M-4 型电动机铭牌

（一）型号（Y132M-4）

Y 为电动机的系列代号，132 为基座至输出转轴的中心高度（单位为 mm），M 为机座类别（L 为长机座，M 为中机座，S 为短机座），4 为磁极数。

旧的型号如 J02-52-4：J 为异步电动机，0 为封闭式，2 为设计序号，5 为机座号，2 为铁芯长度序号，4 为磁极数。

（二）额定功率（7.5kW）

额定功率是指在满载运行时三相电动机轴上所输出的额定机械功率，用 P_N 表示，以千瓦（kW）或瓦（W）为单位。

（三）额定电压（380V）

额定电压是指接到电动机绕组上的线电压，用 U_N 表示。三相电动机要求所接的电源电压值的变动一般不应超过额定电压的±5%。电压过高，电动机容易烧毁；电压过低，电动机难以启动，即使启动后电动机也可能带不动负载，容易烧坏。

（四）额定电流（15.4A）

额定电流是指三相电动机在额定电源电压下，输出额定功率时，流入定子绕组的线电流，用 I_N 表示，以安（A）为单位。若超过额定电流过载运行，三相电动机就会过热乃至烧毁。

三相异步电动机的额定功率与其他额定数据之间有如下关系式：

$$P_N = \sqrt{3}\, U_N I_N \cos\varphi_N \eta_N \tag{4-9}$$

式中：$\cos\varphi_N$ ——额定功率因数；

η_N ——额定效率。

（五）额定频率（50Hz）

额定频率是指电动机所接的交流电源每秒钟内周期变化的次数，用 f_N 表示。我国规定标准电源频率为 50Hz。

（六）额定转速（1440r/min）

额定转速表示三相电动机在额定工作情况下运行时每分钟的转速，用 n_N 表示，一般是略小于对应的同步转速 n_1。如 $n_1 = 1500$r/min，则 $n_N = 1440$r/min。

（七）绝缘等级

绝缘等级是指三相电动机所采用的绝缘材料的耐热能力，它表明三相电动机允许的最高工作温度。它与电动机绝缘材料所能承受的温度有关。A 级绝缘为 105℃，E 级绝缘为 120℃，B 级绝缘为 130℃，F 级绝缘为 155℃，C 级绝缘为 180℃。

（八）接法（△）

三相电动机定子绕组的连接方法有星形（Y）和三角形（△）两种。定子绕组的连接只能按规定方法连接，不能任意改变接法，否则会损坏三相电动机。

（九）防护等级

防护等级表示三相电动机外壳的防护等级，以防护等级 IP44 为例，其中，IP 是防护等级标志符号，其后面的两位数字分别表示电动机防固体和防水的能力。数字越大，防护能力越强，如 IP44 中第一位数字“4”表示电动机能防止直径或厚度大于 1mm 的固体进入电动机内壳，第二位数字“4”表示能承受任何方向的溅水。

（十）噪声等级

在规定安装条件下，电动机运行时噪声不得大于铭牌值。

（十一）定额

定额是指三相电动机的运转状态，即允许连续使用的时间，分为连续、短时、周期断续三种。

六、三相异步电动机的启动、调速和制动

（一）三相异步电动机的启动

电动机接通电源后，转速由零上升到稳定值的过程为启动过程。

启动开始时，$n=0$，$s=1$，旋转磁场和静止转子之间的相对转速最大，因此转子中的电流很大，定子从电源吸收的电流也必然很大，这时的定子电流称为启动电流。对中小型笼型异步电动机，启动电流可达额定电流的 4～7 倍，但启动过程很短，仅几分之一秒到几秒。如果频繁启动，则电动机会发热甚至烧毁，同时过大的启动电流在输电线路上造成的电压降较大，影响同一电网上其他用电设备的正常运行。例如，使其他电动机因电压降落，电磁转矩变小，转速下降，甚至导致停转。为此常采用一些适当的启动方法把启动电流限制在一定数值内，但要有足够大的启动转矩，以保证顺利启动。异步电动机的启动方法通常有以下几种：

1. 直接启动

将额定电压直接加在定子绕组上使电动机启动的方法称为直接启动，又叫全压启动。这种方法设备简单、操作方便、启动迅速，但启动电流较大，只要电网的容量允许，应尽量采用直接启动。

电动机能否直接启动，电力管理部门有一定的规定。如果用户由独立的变压器供电，对频繁启动的电动机，其容量不超过变压器容量的 20%时，允许直接启动；对于不经常启动的电动机，其容量不超过变压器容量的 30%时，可以直接启动。如果用户没有独立的变压器供电，电动机在直接启动时引起的电压降不应超过 5%。

2. 降压启动

如果电动机容量较大或启动频繁，为了限制启动电流，通常采用降压启动。降压启动

是在启动时降低加在定子绕组上的电压，待电动机转速升高到接近额定值时，再使加在定子绕组上的电压恢复到额定值，转入正常运行。

降压启动时定子绕组电压降低，减小了启动电流，但启动转矩也减小，所以这种方法只能在轻载或空载下启动，启动完毕后再加上机械负载。

（二）三相异步电动机的调速

调速是指在负载不变的情况下，人为地改变电动机的转速，以满足各种生产机械的需求。调速的方法很多，可以采用机械调速，也可以采用电气调速。采用电气调速可大大简化机械变速机构，并能获得较好的调速效果。

1. 变极调速

改变定子绕组的接法，可以改变磁极对数，从而得到不同的转速，由于磁极对数 p 只能成倍变化，所以这种方法不能实现无级调速。目前已生产的变极调速电动机有双速、三速、四速等多种电动机。变极调速虽不能平滑无级调速，但比较经济、简单。在机床中常用减速齿轮箱来扩大调速范围。

2. 变频调速

异步电动机的转速和电源的频率 f_1 成正比，随着电力电子技术的迅速发展，很容易实现大范围平滑地改变电源频率 f_1，从而得到平滑的无级调速。这种调速方法，是交流电动机调速的发展方向。

我国电网供电频率是固定的50Hz，要改变电源频率 f_1 来调速，就需要一套变频装置。目前变频装置有两种。

（1）交—直—交变频装置（简称VVVF变频器）。这种变频装置先用晶闸管整流装置将交流电转换成直流电，再用逆变器将直流电变换成频率可调、电压值可调的交流电供给交流电动机。目前，随着大功率晶体管（GTR、IGBT）和微机控制技术的引入，VVVF变频器的变频范围、调速精度、保护功能、可靠性与性能大大提高，但这种变频装置较复杂，故该方法不是变频调速的主流。

（2）交—交变频装置。利用两套极性相反的晶闸管整流电路向三相异步电动机每组绕组供电，交替地以低于电源频率切换正、反两组整流电路的工作状态，使电动机绕组得到相应频率的交变电压。

3. 变转差率调速

变转差率调速只适用于绕线型电动机。在绕线型电动机转子电路中接入一个调速电阻，改变电阻的大小，就能实现调速。这种调速方法的优点是设备简单、调速平滑，但能量消耗大，常用于起重设备与恒转矩负载中。

（三）三相异步电动机的制动

当电动机断电后，由于电动机及生产机械的惯性，要经过一段时间才能停转。为了提高生产效率及确保人身和设备安全，必须采取有效的制动措施使电动机能迅速停车或反转。

制动的方法有机械制动和电气制动两类。

机械制动通常利用电磁抱闸来实现。电动机启动时，电磁抱闸线圈同时通电，电磁铁吸合，使抱闸打开；电动机断电时，抱闸线圈同时断电，电磁铁释放，在弹簧作用下，抱闸把电动机转子紧紧抱住，实现制动。起重机常用这种方法制动。

电气制动就是要求电动机产生的转矩与转子的转动方向相反，即产生一个制动转矩，使电动机迅速停止转动。常用的电气制动方法有以下两种：

1. 反接制动

反接制动的优点是制动比较简单，制动转矩较大，停机迅速，但制动电流较大，消耗能量较大，机械冲击强烈，易损坏传动部件，为减小制动电流，常在三相制动电路中串入较大的电阻。一般用于不经常启动和制动的场合。

2. 能耗制动

这种方法是把转子的动能转换为电能，在转子电路中以热能形式迅速消耗掉的制动方法，故称为能耗制动。其优点是制动能量消耗小、制动平稳，虽要直流电源，但随着电子技术的迅速发展，很容易从交流电获得直流电。一般用于制动要求准确、平稳的场合。

七、三相异步电动机的选择

三相异步电动机应用最为广泛，选择是否合理，对运行的安全性和经济、技术指标的实现都有很大影响。在选择电动机时，应根据实际需要，考虑经济、安全等因素，必须合理选择其功率、类型、电压和转速等。

（一）功率的选择

电动机功率（容量）的选择，由生产机械所需的功率决定。功率选得过大，会造成“大马拉小车”，虽然能保证正常运行，但不经济；功率选得过小，不能保证电动机和生产机械正常工作，长期过载运行，将使电动机烧坏并造成严重设备事故。

对连续运行的电动机，先要算出生产机械的功率，使电动机的额定功率等于或稍大于生产机械功率即可。

对短时运行的电动机，电动机的额定功率可根据生产机械额定功率的 $1/\lambda_m$ 来选择，λ_m 为电动机的过载系数。

（二）类型的选择

选择电动机的类型可从电源类型、机械特性、调速与启动特性、维护及价格等方面来考虑。

（1）通常生产现场所用的都是三相交流电源，如果无特殊要求，一般都采用交流电动机。

（2）笼型电动机的结构简单、价格低廉、维护方便，但调速困难、功率因数低、启动性能较差。在要求机械特性较硬而无特殊调速要求的场合尽可能选用笼型电动机。

（3）在要求启动性能好和小范围内平滑调速时，可选用绕线型电动机。

（4）要求转速恒定或功率因数较高时，宜选用同步电动机。

（三）电压的选择

电压的选择要根据电动机类型、功率及使用地点的电源电压来决定。大容量的电动机（大于 100kW）在允许条件下一般选用如 3kV 或 6kV 高压电动机，小容量的 Y 系列笼型电动机只有 380V 一个等级。

（四）转速的选择

电动机的额定转速取决于生产机械的要求和传动机构的变速比。额定功率一定时，转速越高，则体积越小，价格越低，但需要变速比大的传动减速机构。因此，必须综合考虑电动机和机械传动等方面的因素。

异步电动机通常采用 4 个极的，即同步转速 $n_0=1500\text{r/min}$ 的。

（五）结构形式的选择

生产机械的种类繁多，它们的工作环境也不同。如果在潮湿或含有酸性气体的环境中工作，则绕组的绝缘材料很快受到侵蚀。在灰尘很多的环境中工作，则容易脏污，导致散热条件恶化。因此，必须生产各种结构形式的电动机，以保证在不同工作环境中能安全可靠地运行。

按照上述要求，常制成下列四种结构形式：

（1）开启式。在结构上无特殊防护装置，通风良好，适用于干燥、无灰尘的场所。

（2）防护式。在机壳或端盖下面有通风罩，以防止铁屑等杂物掉入，或将外壳做成挡板状，防止在一定角度内有雨水滴入。

（3）封闭式。封闭式电动机的外壳严密封闭，靠电动机自身风扇冷却或外部风扇冷却，并在外壳带有散热片。在灰尘多、潮湿或含有酸性气体的场所，采用这种电动机。

（4）防爆式。整个电动机严密封闭，用于有爆炸性气体的场所。

此外，也要根据安装要求，采用不同的安装结构。电动机的安装形式有：机座带底脚，端盖无凸缘；机座不带底脚，端盖有凸缘；机座带底脚，端盖有凸缘。

第三节 电气控制技术

电气控制就是继电—接触器控制，它是通过开关、按钮、继电器和接触器等各种控制电器实现对电动机的启动、正反转、调速等运行性能的控制以满足生产工艺的要求，同时，当发生过载、短路等情况时，保护电器能按预先确定的要求准确地做出反应动作，以保证人身和设备安全。

一、常用的低压电器

低压电器是指工作在交流额定电压 1200V 以下、直流额定电压 1500V 以下，用来切换、保护、控制和调节用电设备的电器。它广泛用于输配电系统和电力拖动系统中，在实际生产中起着非常重要的作用。

（一）低压开关

低压开关主要包括刀开关、转换开关、空气断路器等，属于控制电器。它们在控制电路中执行发布命令、改变系统工作状态等任务。

1. **刀开关**

带有刀形动触头，在闭合位置时与底座上的静触头相契合的开关叫作刀开关。刀开关的种类很多，是结构最简单且应用最广泛的一种低压电器。它由操作手柄、触刀、静插座和绝缘地板组成。为保证刀开关合闸时触刀与插座有良好的接触，触刀与插座之间应有一定的接触应力。刀开关按极数可分为单极、双极和三极，按刀的转换方向可分为单掷和双掷，按灭弧情况可分为有灭弧罩和无灭弧罩等。常用的刀开关有胶盖刀开关和铁壳刀开关等。

2. **转换开关**

所谓转换开关，就是用在电路中，能够从一组连接转换至另一组连接的开关。采用刀开关结构形式的称为刀形转换开关，采用唇舌（凸轮）结构形式的称为唇舌（凸轮）式转换开关，采用叠装式触头元件组合成旋转操作的则称为组合开关。转换开关由分别装在多层绝缘件内的动、静触片组成。动触片装在附有手柄的绝缘方轴上，手柄沿任一方向每转动 90°，触片便轮流接通或分断。为了使开关在切断电路时能迅速灭弧，在开关转轴上装有扭簧储能机构，使开关能快速接通与断开，其通断速度与手柄旋转速度无关。

3. 按钮

按钮是一种短时接通或断开小电流电路的手动电器，通常用于控制电路中发出启动或停止等指令，以控制接触器、继电器等电器的线圈电流的接通或断开，再由它们去接通或断开主电路。这种发出指令的电器，称为主令电器。另外，按钮之间还可实现电气联锁。按钮的结构一般由按钮帽、复位弹簧、桥式动触头、静触头和外壳等组成。为了便于识别各个按钮的作用，避免误操作，通常在按钮帽上做出不同标记或涂上不同的颜色。例如，蘑菇形表示急停按钮，一般红色表示停止按钮，绿色表示启动按钮。更换按钮时应注意，“停止”按钮必须是红色，“急停”按钮必须用红色蘑菇按钮，启动按钮是绿色的。按钮必须有金属的防护挡圈，且挡圈必须高于按钮帽，这样可以防止意外触动按钮帽时产生误动作。安装按钮的按钮板和按钮盒必须是金属的，并与机械的总接地母线相连。悬挂式按钮应有专用接地线。

4. 行程开关

行程开关是一种根据运动部件的行程位置而切换的电器。它的作用原理与按钮类似，动作时碰撞行程开关的顶杆。行程开关按其结构可分为直动式、滚轮式和微动式三种。直动式的缺点是触头分合速度取决于挡块移动速度，当挡块移动速度低于 0.4m/min 时，触头切断太慢，易受电弧烧灼，这时应采用有盘形弹簧机构能瞬时动作的滚轮式行程开关，或具弯形片状弹簧的更为灵敏、轻巧的微动开关。

5. 接近开关

接近开关又称无触点的行程开关，它不同于普通行程开关。接近开关是一种非接触式的检测装置，当运动着的物体在一定范围内接近它时，它就能发出信号，以控制运动物体的位置。接近开关既能起行程开关的作用，又能起计数的作用。根据工作原理来划分，接近开关有高频振荡型、电容型、霍尔效应型、感应电桥型等，其中以高频振荡型最为常用。高频振荡型接近开关由感应头、振荡器、开关器和输出器等组成。当装在生产机械上的金属物体接近感应头时，由于感应作用，使处于高频振荡器线圈磁场中的金属物体内部产生涡流损耗（金属物体为铁磁体时还有磁滞损耗），以致振荡回路因电阻增大和能耗增加而使振荡减弱，直到停止振荡。此时开关器导通，并通过输出器发出信号，以起到控制作用。

6. 断路器

断路器俗称自动开关。目前，在低压配电系统中，它的保护功能最为完善。它不仅能在正常工作情况下接通或断开负载电流，而且允许在不正常情况下（过载、短路、欠电压等）自动切断电路，从而保护用电设备和电缆等。在故障排除后，断路器又能迅速恢复供电。它可以就地操作，还可以远距离操作，而且操作安全、方便。近年来不断推出的智能型断路器，性能更好，可以实现配电自动化。由于断路器具有以上很多优点，因而在低压电气装置中获得了广泛应用。

断路器种类很多。按结构分，有框架式（也称万能式）断路器和塑料外壳式断路器。按用途分，有保护配电线路断路器、保护电动机断路器、保护照明线路断路器和漏电保护用断路器等几种。按极数分，有单极断路器、二极断路器、三极断路器和四极断路器。按限流性能分，有一般型不限流断路器和加速型限流断路器两种。按操作方式分，有手柄操作式断路器、杠杆操作式断路器、电磁铁操作式断路器和电动机操作式断路器等几种。

断路器的结构比较复杂，一般由触头系统、灭弧装置、脱扣装置和操动机构四部分组成。智能断路器有电子脱扣单元，是断路器中技术含量最高的部分，对断路器性能的影响也最大。断路器的触头系统包括主触头和辅助触头。主触头接在主电路中，辅助触头接在控制电路中。主触头中通过的电流很大，它应能通断负载电流和分断短路电流，并且具有多次接通、分断电路后不致引起触头烧损和温升超过允许值的能力。触头在切断电路时会产生电弧，因此往往将触头分为工作触头和灭弧触头（双挡触头）。工作触头和灭弧触头并联。接通电路时，灭弧触头先接通，工作触头后接通；电路断开时，工作触头先断开，灭弧触头后断开。因此，在接通和断开电路时，电弧只产生在灭弧触头上。产生电弧时温度很高，所以采用耐高温的银钨合金或陶冶合金制作灭弧触头，触头上还有可更换的黄铜灭弧端。工作触头不承受电弧，只承载很大的工作电流，故要求电阻小、容易散热，一般用电导率高的纯银制作。采用双触头，可用价格比较便宜的灭弧触头保护比较贵重的工作触头。灭弧触头损坏不能使用时，可以更换。

额定电流大于1000A的断路器，除工作触头和灭弧触头外，还增加了副触头。接通电路时，灭弧触头、副触头和工作触头按顺序接通，断开电路时顺序相反。这样一旦灭弧触头失效，副触头即可代替灭弧触头，保护工作触头。

断路器常用的触头形式有三种：插入式、桥式和对接式。插入式触头能通过巨大的短路电流，有电动补偿作用，能防止触头弹开，适用于不产生电弧的接触处。有的触头设计成梳状，每个触头由10片小触头并联而成，这样可以减小触头上的电动力。桥式触头有两个触点（两个断口），有助于灭弧，可以简化灭弧结构，但必须保证两断点触头同时接通或断开，否则电弧将产生在一个断口处。这种触头用在小容量的断路器上。对接式触头有一对动静触头，它用在大容量的断路器上。

在电路发生短路时，短路电流比额定电流大得多，此时断路器要能分断电路，必须有很强的灭弧能力。断路器的动触头能够快速分闸，工作触头上还装有特殊的灭弧罩。灭弧罩的外壳由耐弧的绝缘材料（如石棉、水泥或陶土等）制成。罩内有一排与电弧方向垂直、互相绝缘的镀铜钢片制成的灭弧栅，栅片上有不同形状的槽，交错布置成“宫”字形状。触头断开时产生的电弧，受电弧电流产生的磁场作用，被吸入灭弧罩中，由灭弧栅片分割成一段一段的短弧。由于短弧电压低、热量小，而钢片又能迅速散热，所以能很快灭弧，切断电路。

断路器有一套比较复杂的自动脱扣装置和传动杠杆，所以能在发生短路等故障时自动跳闸，切断电源，起到保护作用。断路器必须具有自由脱扣机构。它的作用是在上述任一种脱扣器动作到脱扣状态后，均能使触头与操动机构失去联系，即使这时再推动操动机构，合闸力也传递不到触头，使断路器无法合闸。

断路器的主要技术参数包括分断能力、限流能力、动作时间、使用寿命和保护特性。漏电保护断路器还应注意调整额定漏电动作电流、额定漏电不动作电流及动作时间，以确保人身和设备安全，同时又不致由于轻度漏电使断路器经常动作。

（二）接触器

接触器是一种自动电磁式开关，用来频繁接通、断开电动机或其他负载主电路，具有低电压释放保护功能，能远距离控制，是电力拖动自控系统中应用最广泛的电器。它主要由触头系统、电磁机构及灭弧装置等组成。接触器按驱动方式分为气动式接触器、液压式接触器和电磁式接触器，按灭弧介质分为空气电磁接触器、油浸式接触器和真空接触器等，按主触点通过电流的种类可以分为交流接触器和直流接触器。

电磁式接触器、气动式接触器和液压式接触器最主要的区别在于触点动作的驱动方式不同。电磁式接触器的触点动作主要是依靠电磁引力和恢复弹簧拉力进行通断动作，气动式接触器与液压式接触器则是通过触点动作后的压力与已有压力比较进行通断动作。空气电磁接触器、油浸式接触器和真空接触器，最主要的区别在于灭弧装置内部结构不同，各自介质与接触器的名称相同。交流接触器和直流接触器最主要的区别在于两者通入的动作电流类型不同。

1. 交流接触器

（1）交流接触器的工作原理

交流接触器是利用电磁吸力与弹簧弹力配合动作，使触头闭合或分断，以控制电路的分断。交流接触器有两种工作状态：失电状态（释放状态）和得电状态（动作状态）。吸引线圈得电后，衔铁被吸合，各个动合触头闭合，动断触头分断，接触器处于得电状态。吸引线圈失电后，衔铁释放，在恢复弹簧的作用下，衔铁和所有触头都恢复常态，接触器处于失电状态。接触器主触头的动触头装在与衔铁相连的绝缘连杆上，其静触头则固定在壳体上。接触器有三对动合的主触头，它的额定电流较大，用来控制大电流的主电路的通断；有两对动合辅助触头和两对动断辅助触头，它们的额定电流较小，用来接通或分断小电流的控制电路。

（2）交流接触器的结构

交流接触器主要由电磁系统、触头系统、灭弧装置等部分组成。

①电磁系统。电磁系统由线圈、动铁芯、静铁芯组成。铁芯用相互绝缘的硅钢片叠压而成，以减少交变磁场在铁芯中产生的涡流和磁滞损耗，避免铁芯过热。铁芯上装有短路铜环，以减少衔铁吸合后的振动和噪声。线圈一般采用电压线圈（线径较小，匝数较多，与电源并联）。交流接触器启动时，铁芯气隙较大，线圈阻抗很小，启动电流较大。衔铁吸合后，气隙几乎不存在，磁阻变小，感抗增大，这时的线圈电流显著减小。交流接触器线圈在其额定电压的85%~105%时，能可靠地工作。电压过高，则磁路趋于饱和，线圈电流将显著增大，线圈有被烧坏的危险；电压过低，则吸不牢衔铁，触头跳动，不但影响电路正常工作，而且线圈电流会达到额定电流的十几倍，使线圈过热而烧坏。因此，电压过高或过低都会造成线圈发热而烧毁。

②触头系统。触头系统是接触器的执行元件，用以接通或分断所控制的电路，必须工作可靠，接触良好。交流接触器的触头按接触情况可分为点接触式、线接触式和面接触式三种。

③灭弧装置。交流接触器分断大电流电路时，往往会在动、静触点之间产生很强的电弧。电弧的产生，一方面会损坏触头，减少触头的使用寿命；另一方面延长电路切断时间，甚至引起弧光短路，造成事故。容量较小的交流接触器一般采用双断口电动力灭弧，容量较大的交流接触器一般采用灭弧栅灭弧。

④辅助部件。交流接触器的辅助部件包含底座、反作用弹簧、缓冲弹簧、触头压力弹簧、传动机构和接线柱等。反作用弹簧的作用是：线圈得电时，电磁力吸引衔铁并将弹簧压缩；线圈失电时，弹力使衔铁、动触头恢复原位。缓冲弹簧装在静铁芯与底座之间，当衔铁吸合向下运动时会产生较大冲击力，缓冲弹簧可起缓冲作用，保护外壳不受冲击。触头压力弹簧的作用是增强动、静触头间压力，增大接触面积，减小接触电阻。

（3）交流接触器的常见故障

①触头过热

主要故障原因：接触压力不足，触点表面氧化，触点容量不够等，造成触头表面接触电阻过大，使触头发热。

②触头磨损

主要故障原因：一是电气磨损，由电弧的高温使触头上的金属氧化和蒸发所造成；二是机械磨损，由触头闭合时的撞击，触头表面相对滑动摩擦所造成。

③线圈失电后触头不能复位

主要故障原因：触头被电弧熔焊在一起，铁芯剩磁太大，复位弹簧弹力不足，活动部分被卡住等。

④铁芯噪声大

交流接触器运行中发出轻微的嗡嗡声是正常的，但声音过大则为异常。主要故障原因：短路环损坏或脱落；衔铁歪斜或衔铁与铁芯接触不良；其他机械方面的原因，如复位弹簧弹力太大、衔铁不能完全吸合等也会产生较强的噪声。

⑤线圈过热或烧毁

由流过线圈的电流过大而造成。主要故障原因：线圈匝间短路，衔铁闭合后有间隙，操作频繁，外加电压过高或过低等。

2. 直流接触器

直流接触器主要用于额定电压至440V、额定电流至600V的直流电力线路中，作为远距离接通和分断线路，以控制直流电动机的启动、停止和反向，多用在冶金、起重和运输等设备中。直流接触器和交流接触器一样，也是由电磁系统、触头系统和灭弧装置等部分组成。

（1）电磁系统

直流接触器的电磁系统由线圈、铁芯和衔铁组成。由于线圈中通的是直流电，铁芯中无磁滞和涡流损耗，因而铁芯不发热，所以铁芯可用整块铸铁或铸钢制成，且无须安装短路环。由于线圈的匝数较多，电阻大，线圈本身会发热，因此线圈做成长而薄的圆筒状，且不设线圈骨架，使线圈与铁芯直接接触，以便散热。

（2）触头系统

直流接触器的触点也分为主触点和辅助触点。主触点一般做成单极或双极的，因主触点接通或断开的电流较大，故采用滚动接触的指形触点，以延长触头的使用寿命。辅助触点的通断电流较小，常采用点接触的双断点桥式触点。

（3）灭弧装置

直流接触器的主触头在分断较大电流时，会产生强大的电弧。在同样的电气参数下，熄灭直流电弧比熄灭交流电弧要困难，因此，直流接触器的灭弧一般采用磁吹式灭弧装置。

3. 接触器的选择

应根据控制电路的要求，正确地选择接触器。

（1）选择类型

根据所控制对象电流类型来选用交流或直流接触器。如控制系统中主要是交流对象，而直流对象容量较小，也可全用交流接触器，但触头的额定电流要选大些。

（2）选择触头的额定电压

通常触头的额定电压应大于或等于负载回路的额定电压。

（3）选择主触头的额定电流

主触头的额定电流应大于或等于负载的额定电流。

（4）选择线圈电压

从人身及设备安全角度考虑，可选择线圈电压低一些的，但控制线路简单，为了节省变压器，也可选用380V。线圈电压应与控制电路电压一致。

（5）选择触头数量和种类

触头数量和种类应满足控制电路要求。

4. 接触器的应用

在电气控制系统中，接触器主要与按钮、行程开关等电器组成控制电路，对电动机的启停、正反转等运行状态进行控制。

5. 接触器控制的优点

利用接触器控制电动机的运行，与用手动电器控制相比，有以下优点：

（1）操作省力

被控电动机功率越大，其工作电流越大，如用手动电器控制，则其体积越大，操作越费力，而用接触器控制，只须轻按按钮即可。

（2）使信号得以放大

接触器的输入量是小功率的控制信号，而其输出则是大容量的触头动作，使信号得以放大，或者说是“以小控大”。

（3）便于实现远距离控制

采用接触器控制，可以将按钮放在较远的位置进行远距离控制，控制灵活方便。

（4）具有欠压保护功能

电源电压降低，如电动机负载不变，则会使电动机定子绕组电流增大，转速下降。如果电流增加的幅度尚不足以使熔断器或热继电器动作，它们不能起保护作用，时间稍长会引起电动机发热甚至烧坏。采用接触器控制，当发生欠压时，接触器释放，可使电动机脱离电源而停转。

（5）具有零压保护功能

电网电源停电后接触器会释放。当电源恢复正常后，必须按下启动按钮，电动机才能运转，避免电网恢复供电时电动机自行启动。

（6）可以实现互锁控制

当有多台电动机，或操作要求比较复杂时，为避免误操作或电器失灵造成事故，互锁控制非常必要。利用互锁，还可实现各种自动控制。

（三）继电器

继电器是根据外界输入的信号（电的或非电的）来控制电路中电流的“通”与“断”

的自动切换电器。它主要用来反映各种控制信号，以改变电路的工作状态，实现既定的控制程序，达到预定的控制目的，同时提供一定的保护。它一般不直接控制电流较大的主电路，而通过接触器实现主电路控制。继电器具有结构简单、体积小、反应灵敏、工作可靠等特点，因而应用广泛。继电器主要由感测机构、中间机构、执行机构三部分组成。感测机构把感测到的参量传递给中间机构，并和整定值相比较，当满足预定要求时，执行机构便动作，从而接通或断开电路。

继电器种类很多，按用途分有控制继电器和保护继电器，按反映信号分有电压继电器、电流继电器、时间继电器、热继电器、温度继电器、速度继电器和压力继电器等，按动作原理分有电磁式继电器、感应式继电器、电动式继电器和电子式继电器等，按输出方式分有触头式继电器和无触头式继电器。

1. **电流继电器**

根据线圈中电流大小而动作的继电器称为电流继电器。使用时电流继电器的线圈与被测电路串联，用来反映电路电流的变化。为了使接入继电器线圈后不影响电路的正常工作，其线圈匝数少，导线粗，阻抗小。电流继电器可分为过电流继电器和欠电流继电器。继电器中的电流高于整定值而动作的继电器称为过电流继电器，常用于电动机的过载及短路保护；低于整定值而动作的继电器称为欠电流继电器，常用于直流电动机磁场控制及失磁保护。JT4系列过电流继电器由线圈、静铁芯、衔铁、触头系统和反作用弹簧等组成。当通过线圈的电流为额定值时，它所产生的电磁引力不能克服反作用弹簧的作用力，继电器不动作，常闭触头闭合，维持电路正常工作。过电流继电器一旦流过线圈的电流超过整定值，线圈电磁力将大于弹簧反作用力，静铁芯吸引衔铁，使常闭触头断开，常开触头闭合，切断控制回路，保护了电路和负载。调整反作用弹簧的作用力，可以整定继电器的动作电流。

欠电流继电器的结构和工作原理与 JT4 系列继电器相似，常用的欠电流继电器有JL14-Q系列。电路正常工作时，衔铁是吸合的。其动作电流为线圈额定电流的30%~65%，释放电流为线圈额定电流的 10%~20%。当通过线圈的电流降低到额定电流的10%~20%时，继电器释放，输出信号去控制接触器失电，使控制设备同电源断开，起到保护作用。

2. **电压继电器**

根据线圈两端电压大小而动作的继电器称为电压继电器。电压继电器可分为过电压继电器和欠电压（或零压）继电器。过电压继电器通常在电压为 1.1 倍额定电压以上时动作，因而对电路进行过电压保护；欠电压（或零压）继电器在电压低于规定值时动作，对电路进行欠电压（或零压）保护。

3. **中间继电器**

中间继电器本质上是电压继电器，它是用来远距离传输或转换控制信号的中间元件。

它输入的是线圈的通电或断电信号，输出的是多对触头的通断动作。因此，它可用于增加控制信号的数目；因为触头的额定电流大于线圈的额定电流，故它又可用来放大信号。

4. 时间继电器

当继电器的感测部分接受输入信号后，经过一段时间执行部分才动作，这类继电器称为时间继电器。按它的动作原理可分为电磁式、空气阻尼式、电动式及电子式等，按延时方式可分为通电延时型和断电延时型两种。

（1）电磁式时间继电器

电磁式时间继电器一般只用于直流电路，而且只能直流断电延时动作。它是利用电磁系统在线圈断电后磁通延缓变化的原理来实现的。为达到延时的目的，可在继电器的电磁系统中增设阻尼圈。当线圈断电后，铁芯内的磁通要迅速减少，根据电磁感应定律，在阻尼圈内将产生感应电流，以阻止磁通的减少，使铁芯继续吸持衔铁一段时间，使得触头延时断开。其延时的长短取决于线圈断电后磁通衰减的速度，它与阻尼圈本身的时间常数（L/R）有关，同时和铁芯与衔铁间的非磁性垫片厚度及释放弹簧的松紧有关。时间继电器做好后，阻尼圈本身的时间常数已定，继电器延时时间的调节就靠改变非磁性垫片厚度及释放弹簧的松紧情况，垫片厚则延时短，垫片薄则延时长；弹簧紧则延时短，弹簧松则延时长。

（2）空气阻尼式时间继电器

空气阻尼式时间继电器又称气囊式时间继电器，它是利用空气阻尼的作用来达到延时的。

（3）电子式时间继电器

电子式时间继电器是目前应用比较广泛的时间继电器。它具有体积小、质量轻、延时时间长（可达几十小时）、延时精度高、调节范围广（0.1s~9999min）、工作可靠和使用寿命长等优点，并将取代机电式时间继电器。电子式时间继电器的种类很多，按电子元件的构成可分为分立元件型和集成电路型，按延时电路形式可分为模拟电路型和数字电路型，在数字电路型中按延时基准又可分为以电源频率为基准和以石英振荡电路为基准的两种类型等。

5. 热继电器

热继电器是利用电流通过发热元件所产生的热效应，使双金属片受热弯曲而推动机构动作的继电器。它主要用于电动机的过载、断相及电流不平衡的保护和其他电气设备发热状态的控制。

热继电器的种类很多，按极数分为单极、两极和三极的热继电器，其中三极的又分为带断相保护装置的和不带断相保护装置的；按复位方式分为自动复位式的和手动复位式的。它由热元件、触头、动作机构、复位按钮和整定电流装置五部分组成。

热继电器不起短路保护作用。在发生短路时，要求立即断开电路，而热继电器由于热惯性不能立即动作。但这个热惯性也有好处，在电动机启动或短时过载时，热继电器不会动作，避免电动机不必要的停车。星形连接的电动机可选二相或三相结构式的热继电器。当发生一相断路时，另两相发生过载，由于流过热元件的电流（线电流）就是电动机绕组的电流（相电流），故二相或三相结构都可起保护作用。对于三角形连接的电动机，在运行中有一相断电时，这时的线电流，将近似地等于电流较大的那一相电流的 1.5 倍，由于热继电器整定电流为电动机额定电流，若采用二相结构的热继电器，这时热继电器不会动作，但电流较大的那一相电流超过了额定值，就有过热的危险。若采用三相带断相保护的热继电器，断相的热元件因断电而冷却，使热继电器动作，电动机停转而得到保护。

6. 速度继电器

速度继电器是一种反映转速和转向的继电器，其作用是当转速达到规定值后继电器动作，常应用于电动机的反接制动控制线路中，故又称为反接制动继电器。速度继电器由转子、定子及触头三部分组成。它是依据电磁感应原理制成的，它的转子用永久磁铁制成，其轴与电动机的轴相连，用于接收转速信号。当连接的轴由电动机带动旋转时，（永久磁铁）转子磁通就会切割圆环内的笼形导体，于是产生感应电流。此电流在圆环内产生磁场，该磁场与转子磁场相互作用产生电磁转矩。在这个转矩的带动下，圆环带动摆杆克服弹簧力随转子旋转一定的角度，并拨动触点改变其通断状态。调节弹簧松紧程度可实现速度继电器的触点在电动机不同转速时的切换。一般速度继电器的转轴在 120r/min 左右动作，在 100r/min 以下时其触点可恢复正常位置。

（四）熔断器

熔断器是一种广泛应用的最简单有效的保护电器之一，在低压配电线路和用电设备中主要作为短路保护之用。使用时熔断器串接在被保护的电路中，当流过它的电流超过规定值时，熔体产生的热量使自身熔化而切断电路。由于熔断器具有结构简单、使用方便、价格低廉、可靠性高等优点，因而应用极为广泛。熔断器按结构可分为开启式、半封闭式和封闭式。封闭式熔断器又分为有填料管式、无填料管式和有填料螺旋式等。按用途分有工业用熔断器、保护半导体器件熔断器、具有两段保护特性的快慢动作熔断器、自复式熔断器等。

熔断器主要由熔体、安装熔体的熔管和绝缘底座三部分组成。熔体是用低熔点的金属丝或金属薄片做成的。熔体材料基本上分为两类：一类由铅、锌、锡铅合金等低熔点金属制成，主要用于小电流电路；另一类由银和铜等高熔点金属制成，用于大电流电路。熔断器接入电路时，熔体串联在电路中，负载电流流过熔体，由于电流热效应而使温度上升。当电路正常工作时，其发热温度低于熔化温度，故长期不熔断。当电路发生短路或过载时，电流大于熔体允许的正常发热电流，使熔体温度急剧上升，超过其熔点而熔断，分断电路，以保护电路和设备。

1. 熔断器的主要技术参数

选择熔断器时，应考虑以下四个主要技术参数。

（1）额定电压：这是从灭弧角度出发，保证熔断器能长期正常工作的电压。如果熔断器的实际工作电压超过额定电压，则一旦熔体熔断，可能发生电弧不能及时熄灭的现象。

（2）熔体额定电流：是指在规定的工作条件下，电流长时间通过熔体而熔体不熔断的最大电流。

（3）熔断器额定电流：是指保证熔断器能长期正常工作的电流，是由熔断器各部分长期工作时所允许的温升决定的。该额定电流应不小于所选熔体的额定电流，且在额定电流范围内不同规格的熔体可装入同一熔壳内。

（4）极限分断能力：指熔断器在额定电压下所能分断的最大短路电流值。它取决于熔断器的灭弧能力，与熔体的额定电流大小无关。一般有填料的熔断器分断能力较强，可大至数十到数百千安。较重要的负载或距离变压器较近时，应选用分断能力较大的熔断器。

2. 熔断器的选择

熔断器的额定电压和额定电流应不小于线路的额定电压和所装熔体的额定电流，其类型根据线路要求和安装条件而定。熔断器的分断能力必须大于电路中可能出现的最大故障电流。

（1）对于电炉和照明等电阻性负载，可做过载保护和短路保护，熔体的额定电流应稍大于或等于负载的额定电流。

（2）电动机的启动电流很大，熔体的额定电流应考虑启动时熔体不能熔断而选得较大些，因此对电动机只宜做短路保护而不能做过载保护。

对单台电动机，熔体的额定电流应不小于电动机额定电流的1.5~2.5倍。

对多台电动机的短路保护，熔体的额定电流应不小于最大一台电动机额定电流的1.5~2.5倍加上同时使用的其他电动机额定电流之和。

3. 熔断器使用维护时的注意事项

（1）熔断器的插座和插片的接触应保持良好。

（2）熔体烧断后，应首先查明原因，排除故障。更换熔体时，应使新熔体的规格与换下来的一致。

（3）更换熔体或熔管时，必须将电源断开，以防触电。

（4）安装螺旋式熔断器时，电源线应接在瓷底座的下接线座上，负载线应接在螺纹壳的上接线座上。这样可保证更换熔管时螺纹壳体不带电，保证操作者的人身安全。

二、常用电气控制电路

（一）点动控制

点动控制是指按下按钮时电动机就得电运转、松开按钮时电动机就断电停止的电气控制，其控制线路如图 4-8 所示。图中左侧为主电路，三相电源经自动控制开关 QF、熔断器 FU1 和接触器 KM 的 3 对主触点，接到电动机的定子绕组上。主电路中流过的电流是电动机的工作电流，其值较大。右侧为控制电路，由熔断器 FU2、按钮 SB 和接触器线圈 KM 串联而成，控制电路电流较小。

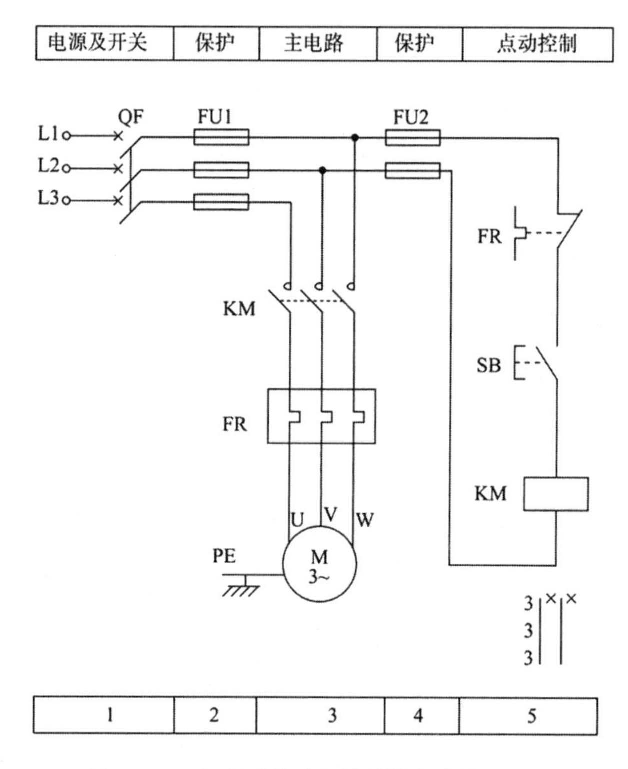

图 4-8　三相异步电动机接触器点动控制线路

合上刀开关后，因未按下点动按钮 SB，线圈不得电，其主触点断开，电动机 M 无电不启动。按下点动按钮 SB 后，控制电路 KM 线圈得电，其主回路中的动合触点闭合，电动机得电运行。松开按钮，按钮在复位弹簧作用下自动复位，线圈断电，主电路中 KM 主触点恢复原来的断开状态，电动机停止转动。

在该控制电路中，QF 为隔离开关，它不能直接给电动机 M 供电，只起到隔离电源的作用。主回路中的熔断器 FU1 起短路保护作用，如果三相电路的任两相电路短路，或任一相电路对地短路，则短路电流将使熔断器迅速熔断，从而切断主电路电源，实现对电动机的过流保护。控制电路中的熔断器对该电路起短路保护作用。

（二）自锁控制

连续运转控制是相对点动控制而言的，它是指在按下启动按钮启动电动机后，若松开按钮，电动机仍然能够得电连续运转。实现连续运转控制的方法很多，所以对应的控制线路也就很多。利用接触器本身的动合触点来保证连续运转的电路如图 4-9 所示。

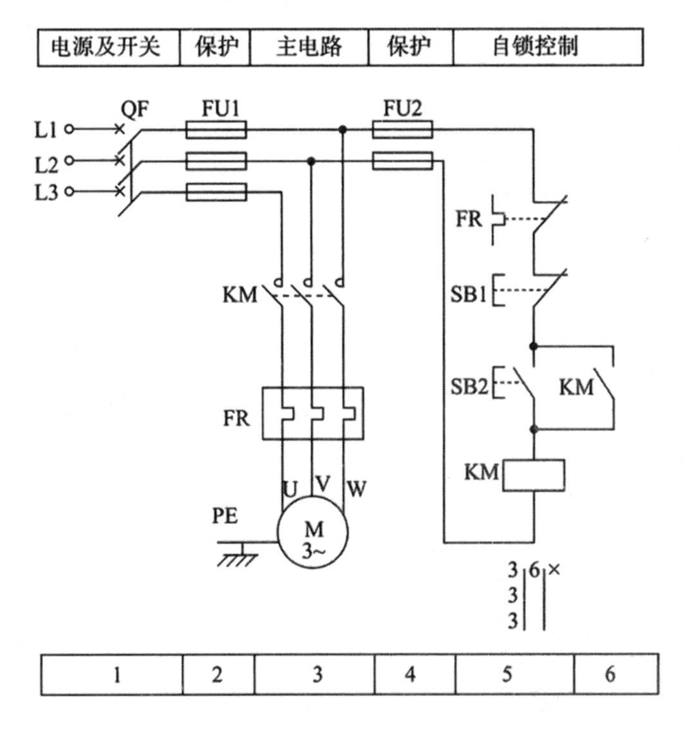

图 4-9　三相异步电动机接触器自锁控制线路

合上空气开关 QF，按下启动按钮 SB2，接触器 KM 线圈得电。KM 的主触点闭合，保证电动机得电运转；同时，KM 与按钮 SB2 并联的辅助动合触点闭合，这时即使松开 SB2，控制线路由该触点闭合保证接触器 KM 线圈不会断电，使得电动机能够长期运转下去。这种并联在启动按钮 SB2 上的动合辅助触点称为自锁（自保）触点。若在电动机运行中按下停止按钮 SB1，接触器线圈断电，其主触点和自保触点都断开，电动机停止运转。利用接触器自锁功能的控制线路，还有对电动机失压和欠压保护的功能。

（三）接触器联锁的电动机正反转控制

图 4-10 所示为接触器联锁正反转控制线路，KM1 为正转接触器，KM2 为反转接触器。在主电路中，KM1 的主触点和 KM2 的主触点可分别接通电动机的正转和反转主电路。

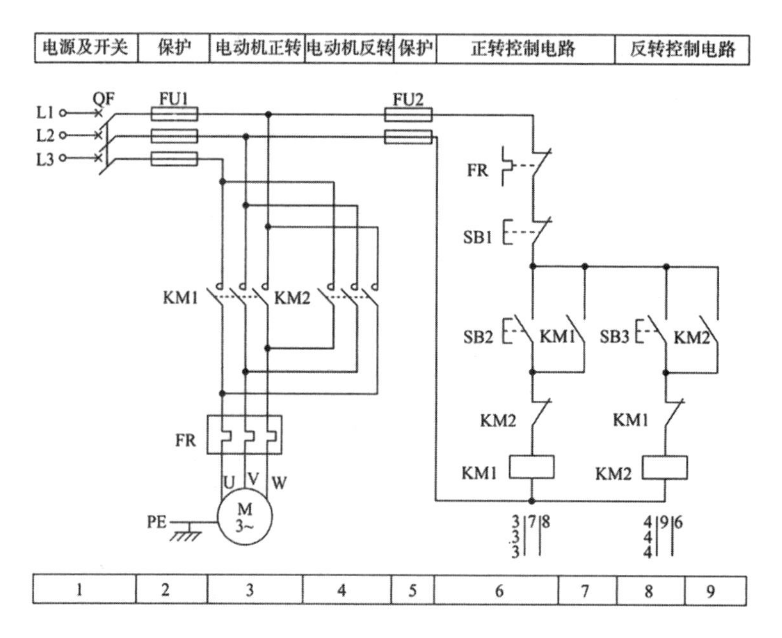

图 4-10　接触器联锁的三相异步电动机正反转控制线路

显然，KM1 和 KM2 两组主触点不能同时闭合，否则会引起电源短路。QF 为隔离开关，熔断器 FU 起短路保护作用，热继电器 FR 起过载保护作用。

在控制电路中，正、反转接触器 KM1 和 KM2 线圈的支路分别串联了对方的动断触点，在这种线路中，任何一个接触器接通的条件是另一个接触器必须处于断电释放状态。例如，正转接触器 KM1 线圈被接通得电，其常闭辅助触头断开，反转接触器 KM2 线圈则不能得电。同样，当 KM2 线圈得电以后，KM2 的常闭辅助触头也会断开，从而使得 KM1 线圈不能得电。两个接触器之间的这种相互关系称为“互锁”（联锁）。本线路中的互锁是依靠电气元件来实现的，所以也称为电气互锁，实现电气互锁的触点称为互锁触点。

操作过程中，我们按下正转启动按钮，正转接触器线圈 KM1 得电，KM1 主电路中的主触点和自锁触点闭合使电动机正转，同时其常闭互锁触点 KM1 断开，切断反转接触器 KM2 线圈支路，实现了互锁，此时，即使按下反转启动按钮 SB3，反转接触器 KM2 线圈因互锁触点断开也不会得电。

电动机正转过程中，要实现反转控制，必须先按下停止按钮 SB1，切断正转控制电路，然后才能启动反转控制电路。

（四）双重联锁电动机正反转控制线路

接触器联锁正反转控制线路的优点是工作安全可靠，可是也存在很大的缺点，就是操作不便。因为电动机从正转变为反转时，必须先按下停止按钮后，才能按反转启动按钮，否则由于接触器的联锁作用，不能实现反转。

复合按钮具有互锁功能，但工作不可靠。因为在实际使用中，由于短路或大电流的长期作用，接触器主触点有时会被强烈的电弧“烧焊”在一起，有时接触器的机构失灵使主触点断不开，这时若另一个接触器动作，将会造成电源短路故障。因此，在实际工作中，经常采用的是按钮、接触器双重联锁的正反转控制线路。

按钮、接触器双重联锁正反转控制线路是按钮联锁正反转控制线路和接触器联锁正反转控制线路组合在一起而形成的一个新电路，所以它兼有以上两种电路的优点，既操作方便，又安全可靠，不会造成电源两相短路的故障。

图 4-11 即为按钮、接触器双重联锁的正反转控制线路。在操作过程中，当按下按钮 SB2 时，KM1 线圈得电，且 KM1 常开辅助触头闭合，形成自锁回路，电动机持续正转。在电动机正转过程中，按下 SB3，SB3 的常闭触头断开，使 KM1 线圈断电，同时 SB3 的常开触头闭合，使 KM2 线圈得电，于是电动机由正转直接变为反转。同理，再按下 SB2 可以使电动机由反转直接改为正转。这种线路正转、反转直接转换即可，操作比较方便。

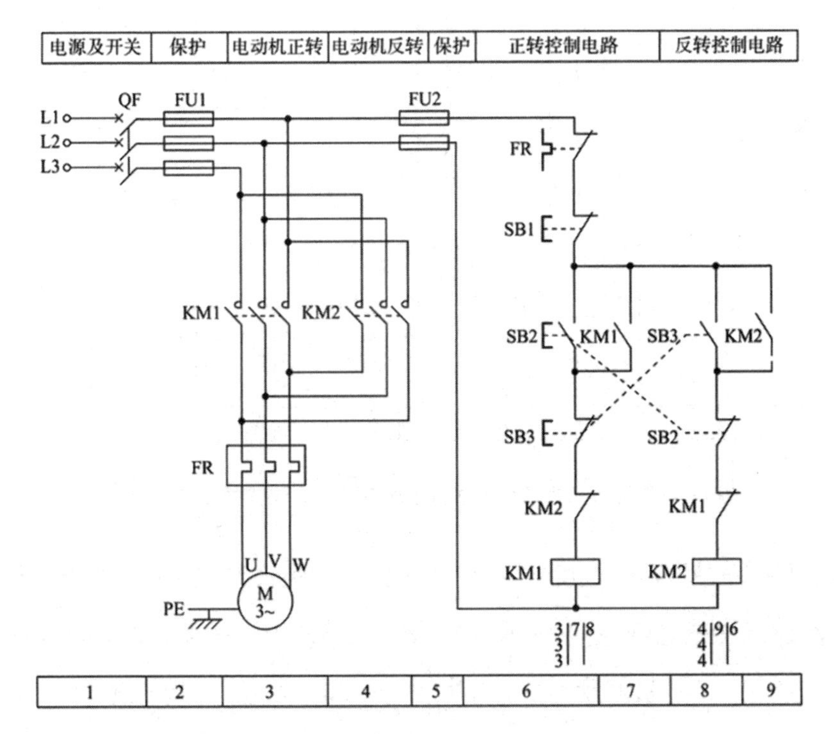

图 4-11　双重联锁的三相异步电动机正反转控制线路

虽然说这种电路结合了以前学过的两种电路的优点，并克服了它们的缺点，但是这个电路也有自身的缺点，就是电路比较复杂，连接电路比较困难，容易出现连接错误，而造成电路发生故障。

（五）两台电动机的顺序启动、逆序停止控制

顺序启动、逆序停止控制电路是在一个设备启动之后另一个设备才能启动运行的一种控制方法，常用于主辅设备之间的控制。如图 4-12 所示，当辅助设备的接触器 KM1 启动之后，主要设备的接触器 KM2 才能启动，主设备 KM2 不停止，辅助设备 KM1 也不能停止。

合上开关 QF 使线路的电源引入。按下按钮 SB1，接触器 KM1 线圈得电吸合，主触点闭合，辅助设备运行，并且 KM1 辅助常开触点闭合实现自保持。按下按钮 SB2，接触器 KM2 线圈得电吸合，主触点闭合，主电机开始运行，并且 KM2 的辅助常开触点闭合实现自保持。

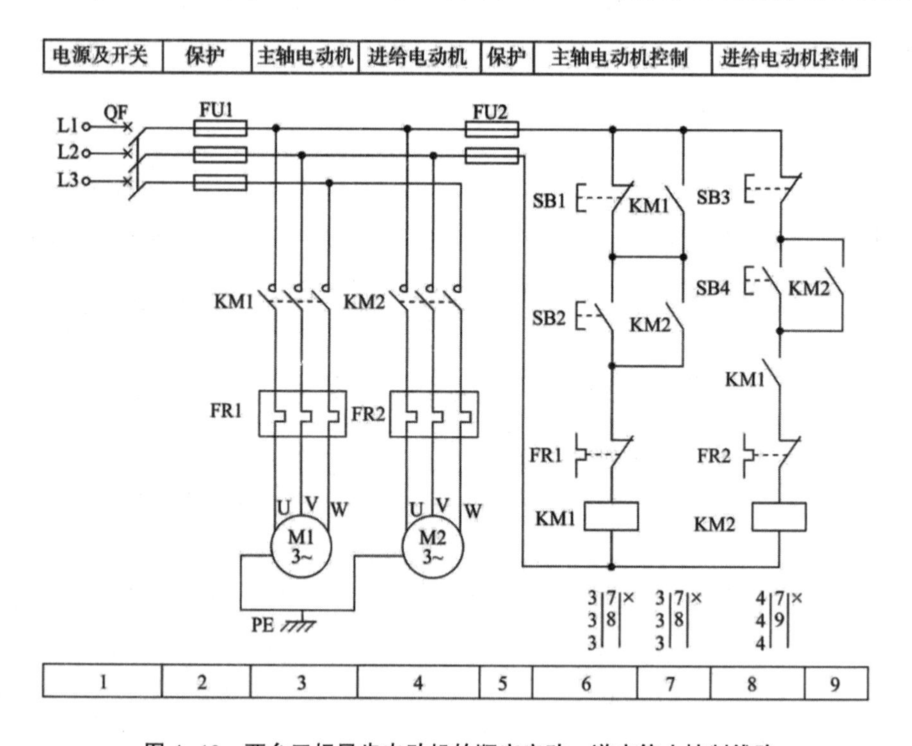

图 4-12　两台三相异步电动机的顺序启动、逆序停止控制线路

KM2 的另一个辅助常开触点将 SB3 短接，使 SB3 失去控制作用，无法先停止辅助设备 KM1。停止时只有先按下 SB4 按钮，使 KM2 线圈断电，辅助触点复位（触点断开），SB3 按钮才起作用。主电机的过流保护由热继电器 FR1 来完成。辅助设备的过流保护由热继电器 FR2 来完成，但 FR1 动作后控制电路全断电，主、辅设备全停止运行。

第五章　电气工程及自动化技术

第一节　电气工程及自动化概论

一、电气工程及自动化简介

（一）电气工程及自动化工程基本概述

在200多年的历史上，人类进步和文明的发展都围绕着一个核心，这就是电及电气工程技术和电子技术的进步和发展。人类经历了电的发展和应用、电子管到大规模集成电路、运算放大器到计算机技术应用普及三大重要历程。如今，电气工程技术、计算机技术已经渗透到各个学科及领域，随着电子科学技术、通信技术、电子信息技术、自动化技术、控制工程技术、遥测遥控遥信技术、生物医学技术、生物电磁技术、超导电工技术、纳米电工技术、电力电子技术、传感器技术、机器人技术、机电一体化技术、信息工程技术的发展，电气工程技术、计算机技术在机械、化工、冶金、交通、通信、航天、建筑、信息、生物医学、农业、金融、商业、教育、科研、经贸等行业扮演起了越来越重要的角色。同时在国家经济、军事、政治、商务、外交及人民生活中起着举足轻重的作用，占据非常显赫的地位。

电气化的程度已成为衡量一个国家、一个地区、一个城市是否发达和先进的首要标志，并且发挥着越来越大、越来越重要的作用。除了空气、阳光、水及大自然以外，电已是人类生产、生活、生存中最不可缺少、最亲密无间的伙伴了。电的发展史，就是人类的近代史，是从实践中发展起来的。当今电工学及电工技术已成为一个基础学科，就像我们一直在学数学、物理、化学、英语、语文一样，是必须掌握的。同时，电工学及电工技术又是一门实践性非常强的学科。从某种意义上来讲，无论从事何种行业，如果对电不了解，将难以高人一等；假如从事电气工程技术这个行业，却没有实践基础和实践经验，那么在这个行业将难以立足，更难以做出惊天动地的业绩。

电气工程及自动化专业应用广泛、技术含量丰富、就业前景广阔，是当代经济及政治生活中不可缺少的前沿学科，它涵盖了电的基础理论、电工学、电工技术、电气工程、电子信息技术、控制技术、控制工程、自动化仪表和传感器技术等分支学科，主要包括发电、电能传输、电能转换、控制技术、电能存储、电能利用六大内容。

（二）电气工程及自动化工程的保证条件

电气工程及自动化工程的成败与否，主要取决于工程设计、设备、原材料的质量及安装、调试、运行、维护、检修、修理、保养等几个环节。

（三）电气工程及自动化工程形成的过程

一个大中型的电气工程及自动化工程项目形成的过程是非常复杂的，涉及技术、商务、经济、法律及管理方面的内容。电气工程及自动化工程形成的过程一般要经过许多的程序，现介绍其中的几项。

1. 立项

由建设单位或主管部门向上级提交项目建议书，阐述项目的重要性、必要性及其对经济发展的作用等，并提交项目评估报告。项目评估报告主要是评估项目的投资、效益、工期、税金等，经专家及主管部门评审通过后正式立项。

2. 可行性研究及分析报告

由第三方组织有关专家及有经验的技术人员对项目的必要性、可行性和实际效果等进行详细的调查研究及分析，包括存在的风险、不确定因素等，确保决策者做出正确的判断，减少或防止决策失误，确保项目决策正确，从而保证项目建成后的社会效益及投资效益。

3. 电气工程及自动化工程的运行维护及检修修理

电气工程及自动化工程交验于建设单位后就纳入了建设单位的电气系统，为了保证新建的电气工程、自动化工程及其原电气系统的安全、正常运行，运行维护及检修、修理就成了建设单位的首要任务。

运行是对电气系统设备及线路的状况、运行参数及数据、现场条件、开启及停运等进行监测、巡视、记录、报告的一种技术方式，一般由运行值班电工完成并接受系统管理部门的管辖。

维护是根据系统运行的数据对电气等设备及线路进行的一种维护、保养、清扫、检查、排除小故障、更换小部件、记录较大故障实况的技术活动，一般由维修电工完成，并接受生产调度部门管辖。

检修是根据运行数据、维护保养记录对电气系统进行的一种更换陈旧及损坏的设备或线路、处理部件故障、全面检查和试验等的技术活动，一般由检修工完成，并接受系统管理部门及单位生产调度部门管辖和组织。检修是与安装调试基本相同的。

修理是根据运行、维护、检修的实际情况，对替换下来的或损坏的设备进行修复的一种技术活动。一般由修理电工完成，也称“电钳工”，接受单位生产部门或设备部门管辖。

二、电气工程及自动化工程安装调试必备条件

电气工程及自动化工程的安装调试是电气工程及自动化工程中最重要的环节，一是要完成工程设计图中的项目，同时在这个过程中还要不断纠正设计的不妥之处；二是要把质量上乘的工程交与建设单位，并将其投入运行，以确保系统的安全运行。安装调试是设计与运行之间的桥梁，是电气工程及自动化工程的中坚技术。

（一）安装调试是电气工程及自动化工程正常运行的重要因素

无论是工业建筑或民用建筑，其功能的实现都主要依靠电气系统的正常运行，电气系统的任何一个环节的正常运行，像变压器、备用发电机组、配电系统、电动机和电梯及其控制系统、检测系统、照明系统、防雷与接地系统、空调机组、自动化仪表及装置、微机系统、各类报警系统、通信广播系统等，都将保证建筑物、构筑物功能的实现。

保证电气工程正常运行的因素有以下四点：

1. 电气工程的设计

电气工程的设计应符合国家现行的有关标准、规程、规范、规定，其中包括安全规程；采用新技术、新材料、新设备；应具有可靠性和先进性；能节约开支、节约能源；适当考虑近年内容量的增加，考虑安装和维修的方便。主体设计方案及线路和主要设备应具有准确性、可靠性、安全性及稳定性。电气工程的设计单位必须是国家承认的、已备案的、有和工程规模相对应设计资质证书的单位，设计者必须是具有相应技术资格的专业技

术人员，重点、大型或特殊工程应了解设计单位的技术状况。

2. 电气产品的质量

电气产品应工作可靠，满足负载的需要，做到动作准确。正常操作下不发生误动作，并按整定和调试的要求可靠工作、稳定运行，能抵抗外来的干扰和适应使用环境；事故情况下能准确可靠地动作，切断事故回路，并有适当的延时性。电气产品质量的保证首先取决于设计选择的准确性，一是要求设计者精确计算、合理选择并进行校验；二是要根据实际使用经验和条件，准确选定电气产品的规格型号，对于指定厂家的产品更要精心选定。保证电气产品质量的另一方面取决于订货、购置及运输保管等环节，要杜绝伪劣产品混入电气工程之中。对于关键部位或贵重部件，应有制造厂家电气产品生产制造许可证、安装维护使用说明书及合格证等资料；一般部件应有说明书和合格证，并按产品的要求运输和保管。近几年的安装经验表明，防伪技术在电气安装工程中尤为重要，必要时应从厂家直接进货，防止伪劣产品混入工程之中。

3. 安装的质量

电气安装工程的质量应符合国家现行的规程、规范及标准，应采用成熟先进的安装工艺及操作方法，并用准确的仪器仪表进行测试和调试。电气安装人员应具备高度的责任感，掌握电气工程安装技术及基本专业操作技术，掌握电子技术、微机及自动控制、自动检测技术，时常关注新设备、新工艺、新技术、新材料的动态，并尽快掌握和应用，适应电工技术的发展。为了保证安装质量和实现设计者的意图，电气安装人员要对施工图样进行全面的审阅和核算，对不妥之处提出的建设性意见要通过设计进行变更，达成一致性意见，进而修改设计或重新设计。安装人员和设计人员只有互相监督、互相促进、互相学习、团结协作，才能保证工程的质量，进而提高技术水平和管理水平，保证电气工程的正常运行。

4. 正常的操作维护和定期的保养及检修

这项工作是工程交工后由建设单位负责的，工程交工时安装人员应向建设单位交付成套的安装技术资料，包括竣工图、安装记录、调试报告、隐蔽工程记录、设备验收记录等。此外，还要写出详细的操作程序及方法、注意事项，并示范给建设单位的运行人员，使建设单位的运行人员掌握系统的基本功能和操作要领，必要时须带领建设单位的运行人员进行试运行。对于单机试车或联动试车都必须有建设单位的人员参加，并一一交代清楚，回答提出的问题，划清责任范围，并签字认可，以便在试车过程或运行过程中发生事故时，能分清责任界限。

（二）完成电气工程及自动化工程的必要条件

1. 电气安装调试人员的技术素质、技能和职业道德

（1）电气安装技术人员（或工人）应具备的技术素质和技能

①掌握电工技术、电子技术、检测技术及自动控制调节原理等基础理论知识，了解计算机工作原理、硬件系统及数据采集方法等，熟悉电气工程的有关标准、规程、规范和规定。

②掌握常用电机（包括直流电动机、多速电动机、交流转差电动机、高压大型交流电动机、同步电动机、中小容量的交流发电机组等）的启动控制方法、调速和制动原理、常规控制电路及系统的安装调试方法，掌握各类电动机绕组的接线方法、修理方法及电动机的测试方法，能排除系统故障、处理事故、解决安装调试运行中的问题。

掌握大型电机的安装调整及控制系统保护装置的安装调试方法，掌握大型电机的抽芯方法并按标准检测；掌握单台或多台电机联动系统中复杂的继电器-接触器控制系统和晶闸管-电子电路控制系统及程序控制、数字控制系统的安装调试和复杂的电气传动自动控制系统的安装调试技术。

主持大型电气工程联动试车，并配合生产工艺流程调试自动化仪表投入运行，编制试车运行方案，指导试车，判断和处理试车中的故障，保证试车顺利进行。

③掌握照明电路和各类灯具的控制线路及安装方法。

④掌握 110kV 以下输变配电系统的安装技术和调试方法。

⑤掌握防雷和接地系统的安装和测试技术。

⑥掌握常用电梯的安装技术及调试方法，排除故障、处理事故。

⑦掌握弱电系统的安装技术和调试方法，弱电系统一般包括通信广播、电缆电视、防盗报警、火灾报警及自动消防、微机监控及管理系统等。

⑧掌握常用仪表的安装技术和测试方法及系统调试技术，常用仪表包括温度仪表、压力仪表、流量仪表、物位仪表、成分分析仪表、机械量测量仪表等；掌握自动调节系统的安装调试技术及故障排除、仪表和自控系统的投入；掌握电工仪表的使用方法和维护保养，包括示波器、交流电桥等。

⑨熟悉各种电气工程图样，能看懂复杂的自动控制、自动调节的原理图，熟悉电气管

路的敷设方法和要求，熟悉常用电器的安装方式、标高、位置，熟悉电气工程和弱电系统的计算方法，掌握常用电气设备元件的选择方法及经验公式，具有发现图中不妥之处的能力。

⑩掌握施工图预算编制方法和技巧，编制预算书，熟悉定额及其使用方法和取费标准，熟悉政府部门有关工程的政策法令；掌握材料单的编制方法，熟悉材料消耗定额及其使用方法。

⑪掌握电气工程施工组织设计的编制方法和技巧，熟悉施工管理方法，确定施工方案和施工现场平面布置，编制物资、设备、材料供应计划及物资管理；熟悉安装工艺和工序，掌握工程量的计算和工程进度，熟悉工程关键部位和难度较大的工艺工序，熟悉工程中技工及劳力调配，熟练掌握劳动定额，合理有效地分配人员，安排班组作业计划，组织施工。

⑫熟练掌握电气安全操作规程，熟悉电工安全用具、防护用品的使用和检验周期标准，掌握触电急救护理及电气火灾消防方法，针对具体工程进行安全交底及布置防护技术措施，保证安全施工。

⑬熟练掌握电气工程中金工件、线路金具的加工和较复杂的控制柜、开关柜的制作工艺方法、标准，并掌握其元件测试和整机调试方法；掌握钣金工艺，熟悉电气二次回路的装配和工艺守则，使产品标准化、系列化。

⑭熟悉土建工程结构和土建基础知识，了解管道、设备等其他专业基础知识；能在安装过程中配合协调，并配合土建工程预埋敷设管路、箱、盒，做到不漏不错；熟悉焊工、钳工、起重工的操作方法。

综上所述，电气工程安装技术是一门专业性强、技术复杂、知识和技术涉及面深而广的综合性技术，它不同于工厂企业电气维修及运行、发电供电部门的电力运行维护、电气工程设计和电工基础理论及教学，它是一门单独的学科，我们可以把它叫作电气工程学。

（2）电气安装技术人员（或工人）应具有崇高的职业道德和良好的作业行为规范

①热爱电工这个职业，有事业心，有责任心，并为之付出自己的精力和智慧。

②对技术精益求精、一丝不苟，在实践中不断学习进取，提高技术技能，在理论上不断充实自己。

③对工作认真负责、兢兢业业，能够做到测试和接线准确无误，连接紧密可靠。

④工作中，当感到自己不能胜任工作时，应该虚心向他人或书本求教，做到勤学多

间，严禁胡干蛮干、敷衍了事。

⑤工作要干净利落、美观整洁，作业完毕后要清理现场，及时将遗留杂物清理干净，避免污染环境，杜绝妨碍他人或作业运行。

⑥在任何时候、任何地点、任何情况下，工作都必须遵守安全操作规程，设置安全设施，保证设备、线路、人员和自身的安全，时刻做到“质量在我手中，安全在我心中”。

⑦运行维护保养必须做到“勤”，要防微杜渐，巡视检查，对线路及设备的每一部分、每一参数要勤检、勤测、勤校、勤查、勤扫、勤紧、勤修，把事故、故障消灭在萌芽状态。“勤”就是要制定巡检周期，当天气恶劣、负荷增加时要加强巡视检查。

⑧运行维护保养修理的过程中必须做到“严”，要严格要求，严格执行操作规程、试验标准、作业标准、质量标准、管理制度及各种规程、规范及标准，严禁粗制滥造，杜绝假冒伪劣电工产品进入维修工程。

⑨对用户要做到诚信为本、终身负责、热情耐心、不卑不亢。进入用户地点作业时必须遵守用户的管理制度，做好质量、工期、环保、安全工作。

⑩积极宣传指导用电节电技术，制止用电中的不当行为和错误做法。

⑪作业前、作业中严禁饮酒。

⑫作业中要节约每一根导线、每一颗螺钉、每一个垫片、每一团胶布，严禁大手大脚，杜绝铺张浪费。不得以任何形式或理由将电气设备及其附件、材料、元件、工具、电工配件赠予他人或归为己有。

⑬凡是自己使用的电气设备、材料、元件及其他物件，使用前应认真核实其使用说明书、合格证、生产制造许可证，必要时要进行通电测试或检测，杜绝假冒伪劣产品混入电气系统。

⑭凡是自己参与维修、安装、调试的较大项目，应建立相应的技术档案，包含相应记录、相关数据和关键部位的内容，做到心中有数，并按周期回访，掌握设备的动态。

⑮认真学习电气工程安全技术，并将其贯彻于维修、安装、调试过程中，对用户、设备及线路的安全运行负责。

2. 保证电气工程安装调试质量、安全、进度、投资的手段和方法

工程建设项目的主要指标是投资、进度、质量、安全。质量是建设项目的中心，而安全则是保障建设项目顺利进行的手段，是保证质量的首要条件。工程质量和安全生产在工程建设中有着举足轻重的位置，同时两者又具有内在的不可分割的联系，这是每个安装施

工企业和每个参与工程建设项目的人员不可忽视的。

怎样才能保证工程质量、保证安全生产，怎样才能维护质量和安全之间的这种联系呢？这是安装企业和安装人员都要遇到的而且是必须很好地解决的问题。实践证明，建立企业的质量保证体系和安全保证体系，能够很好地解决上述问题。进度是工程合同的重要条款，在保证质量和安全的前提下保证进度，才能按合同条款交付优良工程。投资是企业保证效益的根本手段，在保证质量、安全、进度的前提下，最大限度地节约成本是企业发展的基本手段。

（1）安装工程质量保证体系

质量保证体系是一个单位或一个系统为了保证产品或作业的质量、保障工艺程序正常进行，对质量工作实行全面管理和系统分析而建立的一种科学管理的网络，它不是机械滞后的管理体系，而是一个动态的、超前的、全面的、系统的保证质量的体系。

质量保证体系的主要内容及作用如下：

①任务。根据生产工艺的特点、程序，从每个影响质量的因素出发，实行生产工艺及产品的中间检测及控制或超前控制，加强质量检查监督，保证产品或安装质量，进而达到计划的质量等级。

②体系的组成。质量保证体系一般由五个支系统组成，即由总工程师主持的质量监督管理系统、由总工程师和质量保证工程师主持的质量保证系统、由主管生产厂长（经理）主持的生产作业系统及物资供应系统、由主管劳动调配厂长（经理）主持的劳动管理系统。这五个支系统有着密切的联系，保证了体系的正常运行。

③中心环节。生产作业系统是保证质量的中心环节，是工程质量的制造系统。安装工程是生产工人利用技术技能、机具设备按照国家工程的标准规范进行作业而逐步完成的。在安装工艺过程中，质量保证系统和监督管理系统要进行检测和控制，并形成循环的反馈系统，直到达到计划质量等级。

④保证中心环节的条件，首先是要建立一个由生产一线工人组成的质量信息管理系统，也就是说生产一线工人要树立自我质量意识并参与质量及其信息反馈，把生产细节中不利于质量的因素及时反映出来，以做到超前控制，将质量事故倾向及隐患消灭在形成事实以前，这是一个动态的过程；其次是物资供应系统，所提供的物资必须保证质量、保证到货日期、不得使假冒伪劣产品进入工地；最后在保证质量和货期的条件下，要尽量降低物资的价格。

⑤全面质量管理。企业实行全面质量管理，每个人的工作行为都与工程质量有关。

⑥进行安装技术技能培训，提高所有工作人员及工人的技术技能水平、业务素质，保障质量保证系统的正常运行。

⑦质量事故分析及处理质量事故。事故发生后要在24小时内反馈到各有关部门，并从26个影响工程质量的环节分析，找出事故原因，然后用中心环节的手段修复，达到计划质量等级。对事故有关责任人要进行严肃处理。

⑧制订应急预案，及时处理重大质量事故。平时应对应急预案进行演练，一旦发生事故，能确保工程顺利进行和工程质量。

电气工程安装质量是整个工程的重要组成部分，是保证建设项目功能实现的基本条件。

（2）安装工程安全保证体系

安全保证体系是一个单位或一个系统为了保证安全生产、保障作业人员的安全及各类设施的安全，对安全工作实行全面管理系统分析而建立的一种科学管理的网络，它不是机械滞后的管理体系，而是一个动态的、超前的、全面的、系统的保证安全的体系。

安全保证体系的主要内容及作用如下：

①任务。根据生产工艺的特点、程序，从每个影响安全的因素出发，进行安全预防和超前预测，加强安全检查和监督管理，保障安全生产，保障作业人员和设施的安全。

②体系的组成。安全保证体系一般由四个支系统组成，即由总工程师主持的安全监督管理系统、由主管生产厂长（经理）主持的安全生产作业系统、由工会主持的劳动保护监督系统、由主管劳动调配厂长（经理）主持的劳动管理系统。另外，还有两个辅助系统，即由主管财务工作的厂长（经理）或总会计师、总经济师负责的安全技术措施经费系统和由生产厂长（经理）负责的物资供应系统。这几个子系统有着密切的联系，这些联系保证了系统的安全工作正常进行。

③中心环节。安全生产系统是安全的中心环节，安全是由生产作业工人及与生产相关的各类工作人员在生产过程中全面贯彻安全法规、规程、细则，执行安全制度、操作规程及安全技术措施保障的。在生产作业过程中，安全监督管理系统和安全保证系统要进行检测和控制，配备安全防护用品，建立安全信息管理系统，发现事故倾向和隐患时及时反馈并进行分析处理，做到超前控制和预防，形成循环的反馈网络，保障生产、设施及作业工人的安全。

其中，安全信息管理系统是将生产作业中不安全的因素（人、防护措施及用品、安全操作规程、工具设备、作业环境、安全技术措施等）全部反映出来，做到超前控制，将事故倾向及隐患消灭在形成事实前，这是一个动态的过程。物资系统提供的安全防护用品、作业机具设备必须是合格品。

④全面安全管理。企业实行全面安全管理，每个人的工作行为都与安全有关，要进行全员安全教育。

⑤安全技术培训。提高所有工作人员的安全技术水平及自我保护意识，保障安全保证体系的运行。

⑥安全事故分析及处理安全事故。事故发生后要在 1 小时内反馈到各有关部门，并从 20 个影响安全的环节分析，找出事故原因加以解决。要从每个细小事故中吸取教训，教育所有工作人员，及时修订安全措施及安全操作规程，对事故的直接责任者要进行严肃处理。

⑦制订应急预案，发生严重漏电、触电、漏水、塌方、煤气泄漏、火灾、爆炸等事故时，启动应急预案，及时处理重大安全事故。平时应对应急预案进行演练，一旦发生重大安全事故，能够及时处理，确保工程顺利进行，尽量减少人员伤亡和事故损失。

三、电气工程及自动化工程技术规程

电气工程及自动化工程是一项复杂的系统工程，特别是工程项目较大时，或者是新设备、新材料、新工艺、新技术在工程中应用较多时，更是体现出其复杂性和高难度。

为保证电气工程及自动化工程的施工安装质量，保证工期进度，保障安全生产，保障施工现场环境及投入使用后的安全运行，从事电气工程及自动化工程工作的单位或个人必须遵守电气工程及自动化工程技术规程。

电气工程及自动化工程技术规程分为两部分内容。

（一）工程管理

电气工程及自动化工程应按已批准的工程设计文件图样及产品技术文件安装施工。

电气工程及自动化工程的设计单位必须是取得国家建设或电力主管部门核发的相应资质的单位，无证设计或越级设计是违法行为。

电气或电力产品（设备、材料、附件等）的生产商必须是取得主管部门核发的生产制造许可证的单位，其产品应有型式试验报告或出厂检验试验报告、合格证、安装使用说明书，无证生产是违法行为。

承接电气工程及自动化工程的单位必须是取得国家建设主管部门或省级建设主管部门核发的相应资质的单位，无证施工或越级施工是违法行为。

（二）工程实施及现场管理

项目经理、技术员、工长、班长要精读图样，掌握设计意图及工程的功能，确定安装调试工艺方法，特别是新设备、新材料、新工艺、新技术，除图样上的内容外，要精读其产品安装使用说明书，并按其要求及标准确定安装调试工艺方法。

项目经理组织相关人员检查并落实施工组织设计中的各项条款和安全设施设置，没落实的要查明原因，敦促落实，定期检查。

项目经理要每天记录现场发生的各种事宜，特别是人员分工、进度、质量、安全、建设单位、设计单位、监理单位、上级主管部门及与上述几点相关的事宜。记录的变更、追加应有监理（第三方）的认可文件。

线缆敷设必须测试绝缘电阻，隐蔽部位和绝缘电阻的测试应有监理（第三方）的认可文件。

接线必须正确无误，并经非本人进行核对；接线必须牢固，电流较大的必须用塞尺检测或测试接触电阻。

接地及接地装置的设置，其隐蔽部分应经监理验收，接地电阻应符合规范要求。

四、电气工程及自动化发展趋势

电气工程及自动化工程有着广泛的发展前景，随着传感器技术、微机技术、机器人技术的普及和发展，以及风能发电、太阳能发电、核能发电、化学能及其他能源发电的开发和利用，电气工程及自动化工程必将有一个新的契机，这也是每个电气工作者发展的机遇。因此，无论是刚毕业的大学生，还是已经从事电气工程及自动化工作的电气工作者，都有着发展和创新的机遇。然而要想抓住这个机遇，就必须不断地学习新技术、新工艺，掌握新设备、新材料。

纵观人类历史的发展和近20年来科技成果的层出不穷，无一不与电气自动化有着千丝万缕的联系。今后人类文明和科学技术的发展也必然与电气自动化有着更为深层的紧密联系。更为准确地讲，只有电气工程及自动化技术不断发展和进步，人类文明及科学技术才能发展和进步。

电气工程及自动化工程的发展是全方位、多方面的，主要有工厂自动化、电气设备及元件、通信系统、工业与民用建筑电气工程、自动控制系统及其在经济、国防、科研、教育等领域的应用等。

（一）工厂自动化的发展动向及前景

工厂自动化的发展主要是建立在计算机技术及其推广应用方面，特别是机器人、机械手、智能控制等方面的硬件及软件系统。

（二）智能控制及仿真控制

随着计算机技术、传感器技术、自动控制技术的普及，智能控制及仿真控制有很大的发展潜力。

（三）新型电工电子功能材料

电工材料是电气工程及自动化工程中最重要部分之一，它在发展、革新的征途上总是领先于其他学科。

（四）电气测量仪表和工业自动化仪表

电气及自动化仪表分为电气测量仪表及微机技术的应用和拓展、工业自动化仪表及微机技术的应用和拓展。

（五）智能化开关设备

开关设备智能化，包括低压开关设备、高压开关设备及其辅助装置能与计算机网络及自动化技术直接接口，保证自动控制系统畅通无阻。智能化开关设备的应用、运行方面发展前景很大。

（六）电热应用

电热应用主要包括电加工、电加热、电阻加热、电弧炉、感应炉、特殊电加热、电弧焊机、电阻焊接设备、静电加热技术，其应用广泛，发展潜力大，亟待新产品开发和推广应用。

（七）通信及网络系统

通信及网络是现代科技发展的必然，是人们工作和生活离不开的联络方式。有很多元件、接口装置及功能等亟待开发新产品并推广应用。

第二节　电气工程及自动化工程常用技术技能

一、基本技术技能

基本技术技能主要包括：常用工具及器械的正确使用，导线的连接，导线与设备端子的连接，常用电工安全用具及器械的正确使用，常用电工检修测试仪表的正确使用，各种器械工具的使用，管路敷设及穿线，杆塔作业基本要领，常用电气设备元器件及测量计量仪表的安装接线，常用电工调整试验仪器仪表的使用及调整试验方法，常用机械设备安装要点，电气故障判断及处理方法，电气工程及自动化工程读图及制图等。

（一）常用仪器仪表的使用

常用仪器仪表包括万用表、钳形表、绝缘电阻表、接地电阻表、电桥、场强仪、示波器、图示仪、电压比自动测试仪、继电保护校验仪、开关机械特性测试仪、局部放电测试仪、避雷器测试仪、接地网接地电阻测试仪、直流高压发生器、智能介质损耗测试仪、智能高压绝缘电阻表、直流数字电阻测试仪、电缆故障测试仪、双钳相位伏安表、自动 LCR 测量仪、高压试验变压器、高电压升压器、大电流升流器等。

作为一名电气工程师，无论你从事电气工程中的研发、制造、安装、调试、运行、检修、维护中的哪种工作，常用仪器仪表的使用都是非常重要的，其目的主要有四点：

（1）检验或测试电气产品、设备、元器件、材料的质量。

（2）检验或测试电气工程项目的安装、制造质量及其各种参数。

（3）调整和试验电气工程项目的各种参数、自动装置及动作等。

（4）大型、关键、重要、贵重、隐蔽设施的检验、测试、调整、试验，必要时要亲自进行，确保万无一失。

（二）电气工程项目读图

电气工程项目的图样很多，从某种意义上讲，图样决定着工程项目的命运，特别是原理图、I/O 接口电路图、制作加工图、工程的平面布置图、电气接线图等尤为重要。

读图首先是要把图读懂，而更重要的是要读出图样中的缺陷和错误，以便通过正确的渠道去纠正或修改设计。读图是电气工程中最重要的一步。图样是工程的依据，是指导人们安装的技术文件，同时，工程图样具有法律效力，任何违背图样的施工或误读而导致的损失对于安装人员来说要负法律责任。因此，电气安装人员要通过读图熟悉图样、熟悉工程并正确安装，特别是对于初学者来说尤为重要。

因此，无论从事电气工程项目哪方面的工作，你必须学会读图，其主要目的如下：

（1）掌握工程项目的工程量及主要设备、元器件、材料、编制预算或造价。

（2）掌握工程项目的分项工程，编制施工（研制）组织设计或方案，布置质量、安全、进度、投资计划，掌握工程项目中的人、机、料、法、环等各个环节，进行技术交底、安全交底，掌握各种注意事项（包括应急预案、安全方案、环境方案等），确保工程项目顺利进行。

（3）掌握关键部位、重要部位、贵重设备或元器件、隐蔽项目等的安装或研制技术、工艺及注意事项。

（4）掌握工程项目中的调试重点，布置调试方案，准备仪器仪表及调试人员。

（5）编制送电、试车、试运行方案及人力需求，确保一次成功。

（6）掌握运行及维护重点，确保安全运行。

（7）掌握检修重点，安排检修计划及人力需求，确保系统安全运行。

（8）掌握工程项目元器件、设备的修理重点，编制修理方案，准备材料、工具及人员。

（9）掌握故障处理方法，熟悉各个部位、设备、元器件、线路等处理时的轻重缓急，避免事故扩大。

（10）制定安全措施、环保措施。

（11）收集、整理工程项目资料，建立工程项目技术档案。

（12）布置工程项目交工验收。

（13）向用户阐述工程项目重点部位、运行方法及注意事项、调整试验方法及参数，以及检修、修理、维护、安全、环保、故障处理等相关事宜，确保系统正常运行。

读图是工程项目中最重要的环节，是保证工程项目顺利进行及检测、修理、安全、环保、故障处理、维护最重要的手段，是提高技术技能、积累实践经验、向专家型发展的必经之路，同时也是项目进行研发、创新、实现高端技术的重要手段。

（三）电动机及控制

电动机是电气工程中最常用、最多、最重要的动力装置，容量从几十瓦到几百千瓦，电压等级从十几伏到十千伏，有直流和交流之分，控制系统复杂。特别是用在生产工艺系统中的电动机，与自动控制系统、传感器及检测装置、A/D 及 D/A 转换装置、微机装置有着错综复杂的关系，并与电动机的启动、调速、停机及控制系统中的温度、压力、物位、流量、机械量、成分分析等参数联锁控制，完成生产工艺的要求。

因此，对电动机本身及其控制、启动及保护装置、线路设置、联锁装置等技术的掌握对于一名电气工作人员来讲是尤为重要的，不懂电动机及其控制技术，在电气行业是难以立足的。

1. 电动机及其控制要熟练掌握以下内容：

（1）电动机的结构及其内部线圈的接法，这对电动机控制、修理有极大的帮助。

（2）电动机常用启动控制装置及其控制原理图，包括直接启动、星三角启动、串联电抗启动、自耦变压器启动、频敏变阻器启动、正反转启动及控制、软启动器启动及其控制、变频器启动及其控制等，以及电动机的保护及其保护装置。

（3）电动机的选择及其启动控制装置的选择，也就是（2）中各种启动控制装置都适合哪种电动机及其拖动的机械负载，这是一个非常重要的内容。

（4）电动机启动控制调速与生产工艺系统的接口及接口电路，包括与传感器、检测装置、A/D 及 D/A 转换装置、微机装置及自动控制系统的联锁电路。

（5）电动机的测试和试验，判定电动机的质量优劣及性能，主要包括如下内容：

①力学性能的测试和试验，如转动惯量、振动、转动有无卡阻、声音是否正常等。

②电气性能的测试和试验，如绝缘、转速、电流、直流电阻、空载特性、短路特性、转矩、效率、温升、电抗、电压波形、噪声、无线电干扰等。

（6）电动机及其启动控制装置、联锁装置的运行、维护、检修、修理、故障处理技术，是衡量电气工程师水平高低最为实际的技术技能。

2. 直流电机的试验项目及要求：

测量励磁绕组和电枢的绝缘电阻，测量励磁绕组的直流电阻，测量电枢整流片间的直流电阻，励磁绕组和电枢的交流耐压试验，测量励磁可变电阻器的直流电阻，测量励磁回路连同所有连接设备的绝缘电阻，励磁回路连同所有连接设备的交流耐压试验，检查电机绕组的极性及其连接的正确性。

注：6000kW 以上同步发电机及调相机的励磁机，应按本条全部项目进行试验。

①测量励磁绕组和电枢的绝缘电阻值，不应低于 0.5MΩ。

②测量励磁绕组的直流电阻值，与制造厂数值比较，其差值不应大于 2%。

③测量电枢整流片间的直流电阻值，应符合下列规定：对于叠绕组，可在整流片间测量；对于波绕组，测量时两整流片间的距离等于换向器节距；对于蛙式绕组，要根据其接线的实际情况来测量其叠绕组和波绕组的片间直流电阻。相互间的差值不应超过最小值的 10%，由于均压线或绕组结构而产生有规律的变化时，可对各相应的片间电阻进行比较判断。

④励磁绕组对外壳和电枢绕组对轴的交流耐压试验电压，应为额定电压的 1.5 倍加 750V，并不应小于 1200V。

⑤测量励磁可变电阻器的直流电阻值，与产品出厂数值比较，其差值不应超过 10%。调节过程中应接触良好，无开路现象，电阻值变化应有规律。

⑥测量励磁回路连同所有连接设备的绝缘电阻值不应低于 0.5MΩ。

注：不包括励磁调节装置回路的绝缘电阻测量。

①励磁回路连同所有连接设备的交流耐压试验电压值应为 1000V，不包括励磁调节装置回路的交流耐压试验。

②检查电机绕组的极性及其连接是否正确。

③调整电机电刷的中性位置应正确，满足良好换向要求。

④测录直流发电机的空载特性和以转子绕组为负载的励磁机负载特性曲线，与产品的出厂试验资料比较，应无明显差别。励磁机负载特性宜在同步发电机空载和短路试验时同时测录。

3. 交流电动机的试验项目及要求：

测量绕组的绝缘电阻和吸收比，测量绕组的直流电阻，定子绕组的直流耐压试验和泄漏电流测量，定子绕组的交流耐压试验，绕线转子电动机转子绕组的交流耐压试验，同步电动机转子绕组的交流耐压试验，测量可变电阻器、启动电阻器、灭磁电阻器的绝缘电阻。

（四）电力变压器及控制保护

电力变压器是电气工程中的电源装置，是重要的电气设备。由于用途不同，其结构不尽相同，电压等级也不同，容量从 1 万伏安到几兆伏安。最常用的变压器电压等级为 10/0.4kV、35/10kV、35/0.4kV、110/35（10）kV，是工厂、企业、公共线路中常见的电源变压器。

电力变压器是静止设备，只向系统提供电源，其控制、保护装置较为复杂，特别是 35kV 以上的电力变压器更为复杂。电力变压器一般由断路器控制，设置的保护主要有非电量保护（主要指气体、油温）、差动保护、后备保护（主要指过电流、负序电流、阻抗保护）、高压侧零序电流保护、过负荷保护、短路保护等。这些保护装置与断路器控制系统构成了复杂的二次接线并与微机接口，这部分内容是电力变压器及变配电所的核心技术。对于 10/0.4kV 的变压器控制和保护较为简单，控制一般由跌落式熔断器或柜式断路器构成，保护一般只设短路保护，有的也增设过载保护。

电力变压器及控制保护要掌握以下内容：

（1）变压器的结构及其内部线圈的接法。

（2）变压器一次控制装置及其二次接线，主要有跌落式熔断器、断路器（少油、真空、磁吹等型式）、负荷开关、高压接触器、接地开关、隔离开关等及与其配套的高压柜等。

（3）变压器二次控制装置及二次接线，主要有断路器、熔断器、刀开关、换转开关、接触器及与其配套的低压柜等。

（4）继电保护装置及其二次接线，主要有差动保护装置、电流保护装置、电压保护装置、方向保护装置、气体保护装置、微机型继电保护及自动化装置等。

（5）变压器及其控制保护装置的选择、运行、维护、检修、修理、故障排除等。

（6）变压器的测试和试验并判定其质量的优劣。

（五）常用电量计量仪表及接线

电量计量仪表主要有电流表、电压表、电能表、功率表、功率因数表和频率表。其中，电流表、电压表、电能表、功率因数表有交流、直流之分。电能表则分有功、无功两种，有单相、三相之分，结构上又有两元件、三元件之分。

电压表、电流表、电能表、功率因数表、频率表、功率表直接接入电路中较为简单，当高电压、大电流时必须经过互感器接入，接入时较为复杂。电能表的新型号表接线更为复杂。

电量仪表主要由电流线圈和电压线圈构成，其接线规则是相同的，即电流线圈（导线较粗、匝数较少）必须串联在电路中，电压线圈（导线较细、匝数较多）必须并联在电路中。使用互感器时，电流互感器的一次是串联在电路中，二次直接与表的电流线圈连接；电压互感器的一次是并联在电路中，二次直接与表的电压线圈连接。

掌握电表的接线目的主要是监督操作人员是否接线正确，并及时纠正错误接线，避免发生事故或电表显示电量不正常。

（六）常用电气设备、元器件、材料

常用电气设备包括变压器、电动机及其开关和保护设备，开关和保护设备又分高压、低压及保护继电器与继电保护装置。

元器件主要包括电子元器件和电力电子元器件，如半导体器件、传感元件、运算放大及信号器件、转换元件、电源、驱动保护装置及变频器等。

材料主要包括绝缘材料、半导体材料、磁性材料、光电功能材料、超导和导体材料、电工合金材料、导线电缆、通信电缆及光缆、绝缘子及安装用的各种金工件（角钢支架、横担、螺栓、螺母等）和架空线路金具、混凝土电杆、铁塔等。

二、通用技术技能

（一）通用技术技能的内容

通用技术技能主要是掌握以下工程项目的设计、读图、安装、调试、检测、修理及故障处理等。

照明设备及单相电气设备、线路，低压动力设备及低压配电室、线路（其中最主要的是三相异步电动机及其启动控制设备），低压备用发电机组，高低压架空线路及电缆线路，10kV、35kV 变配电装置及变电所（其中，最主要的是电力变压器及其控制保护装置），

防雷接地技术及装置，自动化仪表及自动装置，弱电系统（专指火灾报警、通信广播、有线电视、保安防盗、智能建筑、网络系统），微电系统（专指由 CPU 控制的系统或装置），特殊电气及自动化装置等。

（二）电气工程设计

电气工作人员应对电气工程的设计须掌握以下内容：

电气工程设计程序技术规则；工业车间及生产工艺系统的动力、照明、生产工艺及电动机控制过程的设计；自动化仪表应用工程、过程控制的自动化仪表工程设计；35kV 及以下变配电所的设计；35kV 及以下架空线路的设计；建筑工程电气设计，包括动力、照明、控制、空调电气、电梯等；弱电系统的设计，包括火灾报警、通信广播、防盗保安、智能建筑弱电系统；编制工程概算；主要设备、元器件及材料；工程现场服务，解决难题。

（三）电气工程设计程序与技术规则

电气工程设计是一项复杂的系统工程，特别是工程项目较大、电压等级较高、控制系统复杂、强电和弱电交融、变压器及电动机容量较大、生产工艺复杂等原因或者是采用的新设备、新材料、新技术、新工艺较多时，更凸显其复杂性和高难度。

为了保证电气工程设计的质量和造价、保证环保节能、保证系统的功能和安全及建成投入使用后的安全运行，从事电气工程设计的单位或个人必须遵守电气工程设计程序技术规则。

电气工程设计程序技术规则分为以下三大内容：

1. 设计工作技术管理

（1）电气工程设计必须符合现行国家标准规范的要求并按已批准的工程立项文件（或建设单位的委托合同）及投资预算（概算）文件进行。

（2）承接电气工程的设计单位必须是取得国家建设主管部门或省级建设主管部门核发的相应资质的单位；电力工程设计还必须取得国家电力主管部门和建设主管部门核发的相应资质许可证，无证设计、越级设计是违法行为。

（3）电气工程设计、电力工程设计选用的所有产品（设备、材料、辅件等）的生产商必须是取得主管部门核发的生产制造许可证的单位，其产品应有型式试验报告或出厂检验试验报告、合格证、安装使用说明书，无证生产是违法行为。设计单位推荐使用的产品不得以任何形式强加于建设单位和安装单位。

（4）设计单位对其选用的产品必须注明规格、型号，若有代用产品的应写明代用产品的规格、型号。

（5）承接电气工程设计的单位中标或接到建设单位的委托书后应做好以下工作：

①组织相应的技术人员、设计人员审核或会审标书或委托书，提出意见和建议，并由总设计师汇总，以便确定设计方案。

②确定结构、土建、给排水、采暖通风、空调、电力、电气、自动化仪表、弱电、消防、装饰等专业的设计主要负责人，并由其成立设计小组，同时进行人员分工。人员的使用要注重其能力和工作态度、职业道德等。

③各设计小组负责人通过座谈，相互沟通，对各专业设计交叉部分进行确认，并确定设计思路，达成共识，提交总设计师。

④由总设计师确定设计方案，并下发给各专业设计小组。各组应及时反馈设计信息，变更较大的必须通知其他相应小组，并由总设计师批准。

⑤凡是涉及土建工程的电气工程，对于其结构、土建、装饰，设计小组应先出图，确保进度。

⑥由总设计师组织设计交底，向建设单位、主管部门详细交代设计思路和设计方案，征得意见和建议，最后达成一致性的意见。

⑦建立项目设计质量管理体系，确定监督程序和方法，确保设计质量。

⑧编制项目设计进度计划，确保建设单位设计期限要求。进度计划要在保证设计质量的前提下编制。

⑨对设计中使用的设备进行测试或调整，确保设计顺利进行，并进行备份。

⑩召开项目设计组织协调及动员大会，责任要落实到人、进度要明确、质量必须保证，同时要求后勤部门做好服务及供应工作。

2. 现场勘察

（1）电气工程现场勘察。电气工程现场勘察主要是勘察电源的电压等级、进户条件、进户距离等，并根据其结果确定是否设置变压器、架空引入（电缆引入）及防雷保护等。

另外还有通信线路的进户条件、进户距离等，并根据其结果确定是否设置进户接线箱、架空引入（电缆引入）及其防雷保护等。

（2）电力工程现场勘察。电力工程现场勘察主要是勘察电源的电压等级及容量，送电的距离及容量，送电路径的地理、气候、环境及自然保护的状况等，并根据其结果确定变电所的位置及设置、变压器的台数及容量、输电线路的线径及杆型、防雷保护等。

3. 项目设计过程控制及管理

（1）设计人员在项目设计的全过程中，必须按照国家标准设计规程和项目设计方案的要求进行设计，设计方案有更改时，必须经过总设计师批准。

（2）电气工程设计可按工程量大小、设计期限长短、技术人员多少等因素进行分组设计，以保证设计质量和进度计划。

（3）各组每天统计进度；每周举行进度调整会，相应增加人员或加班，确保周计划完成；每月举行调度会，汇总进度情况，做出相应调整。

（4）健全图样会审、会签制度。专业小组负责人应对质量、进度负责，做好自查。图样会审应公开公正，会签应认真负责。

4. 项目设计的实施及管理

（1）电气工程

①熟悉设计方案，掌握各专业设计交叉部位的设计规定。

②熟悉土建和结构设计图样，掌握建筑物墙体地板、开间设置、几何尺寸、梁柱基础、层数层高、楼梯电梯、窗口、门口、变配电间及竖井位置等的设置。

③按照土建工程和设备安装工程的设计图样和使用条件确定每台用电器（电动机、照明装置、事故照明装置、电热装置、动力装置、弱电装置及其他用电器）的容量、相数、位置、标高、安装方式，并将其标注在土建工程平面图上。

④以房间、住户单元、楼层、车间、公共场所为单位，确定照明配电箱、启动控制装置、开关设备装置、配电柜、动力箱、各类插座及照明开关元件等的结构型式、相数、回路个数、安装位置、安装方式、标高，并将其标注在图上。

⑤确定电源的引入方式、相数、引入位置、第一接线点，并将其标注在图上。

⑥按照各类用电器的容量及控制方式确定各个回路、分支回路、总回路和电源引入回路导线、电缆、母线的规格、型号、敷设方式、敷设路径、引上及引下的位置及方式，并将其标注在图上。

⑦计算每个房间、住户单元、楼层、车间、公共场所的用电容量，确定照明配电箱、启动控制装置、开关设备装置、配电柜、动力箱、各类插座及照明开关元件的容量、最大

开断能力、规格、型号，并将其标注在图上。

⑧计算同类用电负荷的总容量，进而计算总用电负荷的总容量，确定电源的电压等级、相数、变压器、进线开关柜（箱）的容量、台数及继电保护方式。

⑨确定变压器室的平面布置、配电间的平面布置、引出引入方式及位置，确定接地方式。

（2）弱电工程

①按照土建工程和设备安装工程提供的图样和设计方案的要求确定弱电元器件（探测器、传感器、执行器、弱电插座、电源插座、音响设备安装支架、验卡器等）的规格、型号、位置、标高、安装方式等，并将其标注在以房间、住户单元、楼层楼道、车间、公共场所为单位的土建工程提供的建筑物平面图上。

②按上述单位及元器件布置确定弱电控制箱、控制器的位置、标高、安装方式，并将其标注在平面图上。

③按照各类弱电元器件及装置的布置，确定各个回路、分支回路、总回路导线（电缆）的规格、型号、敷设方式、敷设路径、引上及引下的位置及方式，并将其标注在平面图上。

④统计每个房间、住户单元、楼层楼道、车间、公共场所的弱电元器件，确定其控制箱、控制器的容量、规格、型号，并将其标注在平面图上。

⑤确定控制室的平面布置、线缆引入引出方式及位置，确定接地方式。

⑥画出各个弱电系统的系统分布图、标注各种数据、设计选用系数、调整试验测试参数等。

⑦写出设计说明、安装调试要求，主要材料、元器件设备型号、规格、数量一览表，电缆清册、图样目录。

⑧绘制初步设计草图，为图样会审、会签、汇总提供成套图样，并按会审、会签、汇总提出的意见和建议修改初步设计，最后绘制成套设计图样。

（3）电力线路工程

①按照线路勘察测量结果确定线路路径、起始及终点位置、耐张段、百米桩、转角等，并将其标注在地形地貌的平面图上，该图即为线路路径图。

②路径图应标注路径的道路、河流、山地、村镇、换梁及交叉、跨越物等。

③按照档距、气候条件、输送电流容量、耐张段距离等确定导线的规格、型号，画出

导线机械特性曲线图。

④按照档距、气候条件、电流容量、耐张段距离、导线规格型号、断面图参数确定直线杆（塔）、耐张杆（塔）、转角杆（塔）的杆（塔）型，画出杆（塔）结构图。

⑤按照上述条件确定杆塔的基础结构，画出基础结构图，列出材料一览表。

⑥绘制拉线基础组装图、导线悬挂组装图、避雷线悬挂组图、避雷线接地组装图、抱箍及部件加工图、横担加工图等。

⑦写出设计说明、安装要求、主要材料、设备规格、型号及数量一览表。

⑧绘制初步设计草图，为图样会审、会签、汇总提供成套图样，并按会审、会签、汇总提出的意见和建议修改初步设计，最后绘制成套设计图样。

（4）变电配电工程

①按照电力工程现场勘察的结果及建设单位提供的条件和资料，初步确定变电配电所的位置、设置、变压器容量与台数、电压等级、进户及引出位置及方式等，并按此向土建结构设计小组提供平面布置草图、相关数据、变压器、各类开关及开关柜、屏的几何尺寸及重量等。其中，变配电所的布置可按地理环境实况及土地使用条件采用室外、室内、多层等不同布置方式。

②绘制变电所主结线图。

③绘制变电所平面布置图（室内、室外、各层）。

④确定各类设备元器件材料及母线的规格、型号、安装方式、调试要求及参数。

⑤确定变电所二次回路及继电保护方式（传统继电器、微机保护装置），绘制二次回路各图样，包括接线。

⑥绘制防雷接地平面图，编制接地防雷要求。

⑦绘制照明回路图及维修间电气图。

⑧编制设计说明、安装要求，绘制设备安装图、加工制作图、电缆清册、设备元器件材料一览表。

⑨编制设计依据，调整试验参数等。

⑩绘制初步设计草图，为图样会审、会签、汇总提供成套图样，并按其提出的意见和建议修改初步设计，最后绘制成套设计图样。

三、电气系统安全运行技术

电气系统安全运行技术是电气工程及自动化工程的中心技术，电气系统的不安全将会给系统带来不可估量的损失和危害。保证电气系统的安全是电气工程最重要的职责。

（一）保证电力系统及电气设备安全运行的条件

电气工程设计技术的先进性及合理性是保证电力系统及电气设备安全运行的首要条件，其中，方案的确定、负荷及短路电流计算、设备元器件材料选择计算、继电保护装置的整定计算、保安系统的计算、防雷接地系统的计算及设计等均应采用先进技术并具有充分的合理性。

设备、元器件、材料的质量及可靠性是保证电力系统及电气设备安全运行的重要条件之一，设备、元器件、材料的购置应根据负荷级别及其在系统中的重要程度选购，一级负荷及二、三级负荷中的重要部位、关键部件应选用优质品或一级品，二、三级负荷的其他部件至少应选用合格品，任何部件及部位严禁使用不合格品。严禁伪劣产品进入电气工程是保证安全运行的重要手段。

安装调试单位的资质及其作业人员的技术水平和职业道德是保证电力系统及电气设备安全运行的重要条件之一，安装调试应按国家技术监督局和建设部联合发布的国家标准"电气装置安装工程施工及验收规范"进行并验收合格，其中，一级负荷及二、三级负荷中的关键部位、重要部件应由建设单位、设计单位、安装单位、质量监督部门、技术监督部门及其上级主管部门的专家联合验收合格；涉及供电、邮电、广播电视、计算机网络、劳动安全、公安消防等部门的工程，必须由其上级主管部门的有关专家参加联合验收。验收应对其工程进行总体评价并送电试车或试运行。其他负荷级别的工程，根据工程大小，由设计单位、建设单位、安装单位及质量监督部门验收合格。电气工程应委托监理，小型工程可委派有实际经验的人作为驻工地代表，监督安装的全过程，这是保证安装质量的最可靠有效的办法。

运行维护技术措施的科学性及普遍性是保证电力系统及电气设备安全运行的必要条件之一，是保证安全运行的关键手段。运行维护技术措施主要是要落实在"勤""严""管"三个字上。"勤"是指勤查、勤看、勤修，以便及时发现问题及隐患并及时处理，将其消灭在萌芽状态；"严"是指严格执行操作规程、试验标准，并有严格的管理制度；"管"是指有一个强大权威性的组织管理机构和协作网，以便组织有关人员做好运行维护工作。

作业人员的技术水平（包括安全技术）、敬业精神、职业道德及管理组织措施是保证电力系统及电气设备安全运行的必要条件之一，是保证安全运行的关键因素。周密严格的管理组织措施是作业人员及安全工作的总则，对作业人员应有严格的考核制度及办法，并有严明的奖惩条例，作业人员个个钻研技术，人人敬业爱业，即能保证安全运行。

全民电气知识的普及和安全技术的普及是保证电力系统及电气设备安全运行的社会基础。在现代社会，电的应用越来越广泛，几乎人人都要用电或享受电带来的效益。因此，普及用电知识和安全用电技术，使人人都掌握电气常识就更为重要。只有人人都具备一定的电气知识，并掌握一定的安全用电常识，电力系统及电气设备的运行才会越安全，同时，人人能发现事故隐患，及时报告，及时处理，电气系统就能安全稳定地运行。

发电系统和供电系统的安全性、可靠性及供电质量是保证电力系统及电气设备安全运行的基础。发电供电系统的安全性及可靠性是由设计、安装、设备材料、运行维护决定的，同时也决定着电压、频率、波形，这对用电单位是至关重要的。也就是说，只有发电系统安全了、可靠了，电压质量保证了，用电单位才能正常用电。供电线路的机械强度、导电能力及防雷等对用电单位也是至关重要的，也是供电部门必须保证的。

综上所述，电气系统的安全运行因素是多方面的，缺一不可，同时各方面的联系也是紧密不可分的，这些条件都具备的时候，也就是电气系统安全运行的时候。

（二）保证电气系统安全运行采取的维护技术措施的要点

运行维护技术措施的要点就是“勤”“严”“管”三个字。

“勤”就是对电气线路及电气设备的每一部分、每一参数勤检、勤测、勤校、勤查、勤扫、勤修。这里的“勤”是指按周期，只是各类设备周期不同而已。除按周期进行清扫、检查、维护和修理外，还必须利用线路停电机会进行彻底清扫、检查、紧固及维护修理。

“严”就是在运行维护及各类作业中，严格执行操作规程、试验标准、作业标准，并有严格的管理制度。现有各种规程、标准、制度 100 多种。

“管”是指用电管理机构及组织措施，这个机构应该是有权威性的，一般由电气专家和行政负责人组成，能解决处理有关设计、安装调试、运行维护及安全方面的难题，同时从上到下直至每个用电者应有一个强大的安全协作网，构成全社会管电用电的安全系统，这是保证电气系统安全运行的社会基础。

（三）电气系统安全运行技术主要内容

1. 高压变配电装置。主要包括安全运行基本要求、巡视检查项目内容及周期、停电清扫项目内容及周期、停电检修项目内容及周期、预防性测试项目内容及周期、变配电装置事故处理方法及注意事项等。

2. 电力变压器。主要包括变压器安全运行基本要求，巡视检查项目内容及周期、主要监控项目内容、检修项目内容及周期标准、试验项目内容及周期、异常运行及故障缺陷处理方法，互感器、消弧线圈、变压器运行注意事项等。

3. 高压电气设备、电容器、电抗器运行注意事项及其检查、清扫、检修、试验的项目内容及周期等。

4. 低压配电装置及变流器、变频器运行注意事项及其巡检、清扫、检修、试验项目内容及周期等。

5. 电动机。主要包括安全运行及启动装置的基本要求条件，巡检、检修、试验项目内容及周期，异常运行及故障缺陷处理方法、主要测试项目及方法，启动装置、电动机正确选择方法等。

6. 工作条件及生产使用环境对电气设备型号、容量、防护型式、防护等级的要求等。继电保护二次回路、自动装置、自动控制系统安全运行基本条件要求，巡视检查、校验调整项目内容及周期，异常运行及事故处理方法，安全运行注意事项等。

7. 架空线路、电缆线路、低压配电线路安全运行条件、基本要求，巡检、检修、维护的项目内容及周期，不同季节对线路的安全工作要求等。

8. 特殊环境（指易燃、易爆、易产生静电、易化学腐蚀、潮湿、多粉尘、高频电磁场、蒸气及建筑工地、矿山井下等与常规环境有明显不同的环境）电气设备及线路的安全运行技术及管理等。

9. 机械设备、电梯、家用电器及线路、弱电系统、自动化仪表及其他用电装置安全运行技术及管理等。

四、电气工程安全技术

（一）电气安全组织管理措施和技术措施

组织管理措施又分管理措施、组织措施和急救措施三种。管理措施主要有安全机构及人员设置，制订安全措施计划，进行安全检查、事故分析处理、安全督察、安全技术教育培训，制定规章制度、安全标志及电工管理、资料档案管理等。组织措施主要是针对电气作业、电工值班、巡回检查等进行组织实施而制定的制度。急救措施主要是针对电气伤害进行抢救而设置的医疗机构、救护人员及交通工具等，并经常进行紧急救护的演习和训练。

技术措施包括直接触电防护措施、间接触电防护措施及与其配套的电气作业安全措施、电气安全装置、电气安全操作规程、电气作业安全用具、电气火灾消防技术等。

组织管理措施和技术措施是密切相关、统一而不可分割的。电气事故的原因很多，如设备质量低劣、安装调试不符合标准规范要求、绝缘破坏而漏电、作业人员误操作或违章作业、安全技术措施不完善、制度不严密、管理混乱等都会造成事故发生，这里面有组织管理的因素，也有技术的因素。经验证明，虽然有完善先进的技术措施，但没有或欠缺组织管理措施，也将发生事故；反过来，只有组织管理措施，而没有或缺少技术措施，事故也是要发生的。没有组织管理措施，技术措施将实施不了，也得不到可靠的保证；没有技术措施，组织管理措施只是一纸空文，解决不了实际问题。只有两者统一起来，电气安全才能得到保障。因此，电气安全工作中，一手要抓技术，使技术手段完备；一手要抓组织管理，使其周密完善，只有这样，才能保证电气系统、设备和人身的安全。

（二）电气安全管理工作的中心内容

1. 安全检查

检查内容主要有：

（1）电气设备、线路、电器的绝缘电阻、可动部位的线间距离、接地保护线的可靠完好，接地电阻是否符合要求；

（2）充油设备是否滴油、漏油；

（3）高压绝缘子有无放电现象、放电痕迹；

（4）导线或母线的连接部位有无腐蚀或松动现象；

（5）各种指示灯、信号装置指示是否正确；

（6）继电保护装置的整定值是否更动；

（7）电气设备、电气装置、电器及元器件外观是否完好；

（8）临时用电线路及装置的安装使用是否符合标准要求；

（9）安全电压的电源电压值、联锁装置是否正确；

（10）安全用具是否完好且在试验周期之内，保管是否正确；

（11）特殊用电场所的用电是否符合要求；

（12）安全标志是否完好齐全且安装正确；

（13）避雷器的动作指示器、放电记录器是否动作；

（14）携带式检测仪表是否完好且在检定周期之内，保管及使用是否正确；

（15）电气安全操作规程的贯彻与执行情况；

（16）现场作业人员的安全防护措施及自我保护意识和安全技术掌握状况；

（17）急救中心及其设施、触电急救方法普及和掌握情况；

（18）电气火灾消防用具的完好及使用保管状况；

（19）携带式、移动式电气设备的使用方法及保管状况；

（20）变电室的门窗及玻璃是否完好，电缆沟内是否有动物活动的痕迹，屋顶有无漏水，电缆护套有无破损；

（21）架空线路的杆塔有无歪斜、有无鸟巢，导线上有无悬挂异物，弧垂是否正常，拉线是否松动，地锚是否牢固，绝缘子和导线上有无污垢，树高能否造成短路；

（22）电气设施的使用环境与设备的要求是否相符，如潮湿程度、电化腐蚀等；

（23）电气作业制度的执行情况、违章记录、事故处理记录等。

①电气安全生产管理方面有无漏洞，如电工无证上岗、施工图未经技术及督察部门审查、各种记录不规范等。

②安全生产规章制度是否健全。

③各级负责人及安全管理人员对电气安全技术、知识掌握的状况及是否将电气安全放在生产的首位，有无安全交底及安全技术措施等。

④检查人员的组成。一般由电气工程技术人员、安全管理人员、有实践经验且技术水平较高的工人组成。同时，根据检查的规模及范围，检查可由供电部门、劳动部门、消防部门、上级主管部门及本单位设备动力科（处）、安全科（处）主管安全工作的领导者参加。

⑤检查周期通常应一月一小查，半年一大查，大查一般安排在春季（雨季到来之前）及秋季（烤火期之前）。小查时，组成人员应少一些，检查的项目应有重点；大查时，组成人员需多一些，检查的项目要全，检查要细。检查中凡发现不符合要求的须限期修复，并由检查人员复查合格。

2. 制订安全技术措施计划

安全技术措施计划是与本单位技术改造、工程扩建、大修计划等同步进行的。要根据本单位电气装置运行的实际情况及安全检查提出的问题，结合电网反事故措施和安全运行经验，与技改部门、安全部门及设计、安装、大修单位等协同编制年度的安全技术措施计划，如线路改造或换线、变压器更换或增容、开关柜改造等。安全技术措施计划应与单位生产计划同步下达，并保证资金的落实。安全措施经费通常占年技改资金的20%左右，在提出安全措施计划的同时，应将设备、材料列出，并将工期确定。

3. 电气安全教育培训

这是一项长期性的工作，是一项以预防为主的重要措施。对于刚进厂的学徒工、大中专及技校毕业生、改变工种和调换岗位的工人、实习人员、临时参加现场劳动的人员及接触用电设备的各类人员都要进行三级（厂、车间、班组）电气安全教育，可通过举办专业培训班、广播、电视、图片等开展宣传教育活动。

对于电气人员，一方面要提高电气技术，另一方面要提高安全技术。可以通过开展技术比赛、安全知识竞赛、答辩、反事故演习、假设事故处理、现场急救演示等各种形式来提高其电气技术和安全技术。

4. 建立资料档案

所谓资料档案，就是指电气工作中使用的各种标准、规程及规范，各种图样、技术资料，各种记录等。这些资料应该存档，并按档案管理的要求进行分类保管，随时可以查阅、复印，以保证电气系统的安全运行。

标准、规范、规程主要有各类电气工程设计规范、电气装置安装工程施工及验收规范、全国供用电规则、电气事故处理规程、电气安全工程规程、电气安全操作规程、变压器运行规程、电气设备运行和检修规程、电业安全工作规程等。

各种图样主要有供电系统一次接线图、继电保护和自动装置原理图、安装接线图、中央信号图、变配电装置平面布置图、防雷接地系统平面图、电缆敷设平面图、架空线路平面图、动力平面图、控制原理接线图、照明平面图、特殊场所电气装置平面图、厂区平面图、土建图等。

技术资料主要有变压器、发电机组、开关及断路器、继电保护及自动装置、大中型电机及启动装置、主要仪器仪表、各类开关柜、各类电气设备的厂家原始资料，如说明书，图样，安装、检修、调试资料及记录等。

各种记录主要有运行日志、电气设备缺陷记录、电气设备检修记录、继电保护整定记录、开关跳闸记录、调度会议记录、运行分析记录、事故处理记录、安装调试记录、培训记录、电话记录、巡视记录、安全检查记录等。

各用电单位可根据具体情况收集整理上述资料并存档，通常每一台电气设备或元器件应有其单独的资料档案卷宗备查。

5. 事故处理

事故包括人身触电伤亡事故和电气设备（包括线路）事故两大类。对于人身触电伤亡事故，必须遵循先进行急救并送至医院的原则；对于电气设备、线路事故，必须遵循先进行灭火，然后更换设备或修复直至恢复送电的原则。事故现场处理完毕后，应遵照“找不出事故原因不放过，本人和群众受不到教育不放过，没有制定出防范措施不放过”的原则，成立相应级别的调查组，对事故进行认真调查、分析和处理，教育群众，认真吸取教训，并采取相应的防范措施，以确保今后不再发生类似事故。同时写出事故报告和处理结果，根据事故的大小和范围发放或张贴，以示警告。调查组一般由负责安全的安全员、技术人员及经验丰富的工人组成，中型以上的事故必须由单位主管安全的负责人主持小组工作。经验证明，无论事故大小或造成伤亡与否，只要遵循上述原则，均能受到深刻的教训，减少或杜绝今后事故的发生。

事故的调查必须实事求是，有些人为了推卸责任而弄虚作假，给事故处理带来了困难，这是事故处理中必须注意的。只有把事故处理纳入法制的轨道上来，才有利于电气安全工作的开展。在处理事故时还应注意以下四点：

（1）必须在单位各级负责人的思想认识上找事故原因，是否真正做到了“安全第一，预防为主”。

（2）必须在安全生产管理上找事故原因，堵住管理上的漏洞。

（3）必须在安全规章制度上找事故原因，进而修订有关制度。

（4）必须提高全员的安全意识和技术水平，做到“安全第一，人人有责”。

（三）保证电气安全的技术措施

直接触电防护措施是指防止人体各个部位触及带电体的技术措施，主要包括绝缘、屏护、安全间距、安全电压、限制触电电流、电气联锁、漏电保护器等。其中，限制触电电流是指人体直接触电时，通过电路或装置，使流经人体的电流限制在安全电流值的范围以内，这样既保证人体的安全，又可以使通过人体的短路电流大大减小。

间接触电防护措施是指防止人体各个部位触及正常情况下不带电而在故障情况下才变

为带电的电器金属部分的技术措施，主要包括保护接地或保护接零、绝缘监察、采用Ⅱ类绝缘电气设备、电气隔离、等电位连接、不导电环境，其中前三项是最常用的方法。

电气作业安全措施是指人们在各类电气作业时保证安全的技术措施，主要有电气值班安全措施、电气设备及线路巡视安全措施、倒闸操作安全措施、停电作业安全措施、带电作业安全措施、电气检修安全措施、电气设备及线路安装安全措施等。

电气安全装置主要包括熔断器、继电器、断路器、漏电开关、防止误操作的联锁装置、报警装置、信号装置等。

电气安全操作规程的种类很多，主要包括高压电气设备及线路的操作规程、低压电气设备及线路的操作规程、家用电器操作规程、特殊场所电气设备及线路操作规程、弱电系统电气设备及线路操作规程、电气装置安装工程施工及验收规范等。

电气安全用具主要包括起绝缘作用的绝缘安全用具，起验电或测量作用的验电器或电流表、电压表，防止坠落的登高作业安全用具，保证检修安全的接地线、遮栏、标志牌和防止烧伤的护目镜等。

电气火灾消防技术是指电气设备着火后必须采用的正确灭火方法、器具、程序及要求等。

电气系统的技术改造、技术创新、引进先进科学的保护装置和电气设备是保证电气安全的基本技术措施。电气系统的设计、安装应采用先进技术和先进设备，从源头上解决电气安全问题。

五、负载估算及设备、元器件、材料的选择

负载计算及设备、元器件、材料的选择较为复杂，而在现场由于时间紧急和特殊条件的限制往往采用估算的方法以解燃眉之急，而后再用正常的计算方法进行核实。估算方法是现场电气工作人员必须具备的技能之一。

（一）负载估算方法

低压 220V 系统一般条件下每 1000W 负荷按 5A 计算，支路负载电流相加后乘以 0.6 即为干路的负载，干路负载电流相加后乘以 0.5 即为低压系统的总负载。

低压 380V 三相动力系统或其他三相系统一般条件下每 1000W 负载按 2A 计算，支路负载相加后乘以 0.5~0.8 即为干路的负载，干路负载电流相加后乘以 0.4~0.6 即为低压

系统的总负载。其中，0.5~0.8 和 0.4~0.6 一般按以下原则进行选取：轻载启动较多的取较小的值，重载启动较多的取较大的值；直接启动较多的取较大的值，间接启动较多的取较小的值；变频启动较多的取中间值。

高压系统相比低压系统，负载电流要小得多，10kV 系统（指三相平衡系统）每 1kW 负载电流按 0.07~0.08A 计算，6kV 系统（指三相平衡系统）每 1kW 负荷电流按 0.12~0.14A 计算。在选择设备、材料、元器件时，高压系统和低压系统考虑的重点不同，高压系统往往考虑最多的是绝缘，而低压系统考虑最多的则是电流的大小。

（二）设备、元器件、材料的选择

现场选择设备、元器件、材料时总的原则有五个：一是电压等级与原来相同，二是其防护型式、防护等级与现场环境特征相符，三是其容量（载流量）应大于或等于原设备、元器件、材料的容量，四是注意节约的原则，五是保护装置应与其要求相符。

1. 变压器的选择

变压器的选择要考虑变压器容量允许全电压启动电动机的最大功率，一般条件下全电压启动电动机的最大功率应为变压器容量的 20%~25%。

2. 高压电器的选择

高压电器的容量（额定电流）应大于所在回路或通过设备的计算电流，计算电路可按前文的负载估算方法进行估算。

3. 低压电器的选择

低压电器的选择主要是过载系数 K 的选择，这样既能在正常工作条件下承载负载电流，又能躲过启动时的冲击电流，也能在非正常工作条件下切断事故电流而自动跳闸。其中，接触器必须与熔断器或断路器配合使用。

一般条件下可按下述方法选择：

（1）熔体额定电流的选择

①熔体额定电流必须小于熔断器的额定电流。

②单台设备直接启动的电动机 K 为电动机额定电流的 2~3.5 倍，可按轻载、中载、重载的顺序选择。

③多台设备直接启动且不同时启动时，总熔体按容量最大一台的 2~3 倍额定电流再加上其他设备的额定电流。若几台同时启动且其总容量超过该线路中最大的一台时，总熔

体额定电流应在加上这几台设备额定电流的和后再按2~3倍选择。

④笼型电动机启动器熔体按电动机额定电流的1.5~3倍选择，并按轻载、重载和启动方式不同选择，轻载取较小值；绕线转子电动机按1.25~2倍选择。

⑤照明电路中，熔体额定电流一般取计算电流的1~1.1倍，高压汞灯按1.3~1.7倍选取，高压钠灯按1.5倍选取。

（2）低压开关设备元件的选择

低压断路器、接触器开关设备元器件的额定电流应大于回路的额定电流，其系数K断路器取1.5~2.5倍，接触器取1.5~2.5倍，刀开关取1.1~1.5倍。其中，轻载启动、无较大动力设备的线路、照明电路及无感性负载的电路取下限，而重载启动、有较大动力设备的线路、有感性负载的线路取上限。

（3）热继电器的选择

热继电器的额定电流一般为1.5倍被保护电器额定电流，整定值一般为0.95~1.1倍的电器额定电流。Y连接电动机不宜选用带断相保护的热继电器，热继电器一般不宜选用额定电流大于60A的，若大于60A则应选用5A的并配电流互感器使用。

（4）电动机启动器的选择

启动器的选择应按负载性质、启动方式、启动时负载的大小来综合考虑。一般条件下，各类启动器的额定功率应大于电动机一个等级。

①10kW以下电动机可用磁力启动器直接启动，55kW以下的电动机当电源容量允许时也可在轻载时直接启动。

②10kW以上电动机轻载启动可选用Y-△启动器减压启动，仅适用于△连接电动机。

③10kW以上电动机重载启动应选用自耦减压启动器、串联阻抗减压启动器、变频启动器、软启动器，不宜采用Y-△启动器。

④绕线转子电动机一般用凸轮控制器与转子串联电阻启动，也可用频敏启动控制柜、串联阻抗启动柜启动。

（5）民用电器、照明装置一般应按估算电流选择

选用带漏电的断路器、插座，一般为5~10A。插座宜选用两用（双孔、三孔均有）插座。

（6）电工仪表的选择

主要考虑电压等级、量程、公差等级、与互感器配合使用等。

①选用电压表时，低压一律采用直读式，量程应大于额定值的 1.5 倍左右，高压应配用电压互感器，表一律使用 100V 额定值的。

②选用电流表时，20A 以下的可选用直读式的，量程为最大值的 1.5 倍左右；大于 20A 时应配用电流互感器，表一律使用 5A 额定值的，电流互感器的量程应大于最大值的 1.5 倍左右，绝缘等级应与系统额定电压相符。

③电能表应按供电线制选用，低压额定负载 50A 以下可选用直读式，其额定电流应大于负载电流；50A 以上时应配用电流互感器，表一律为 5A 额定值的，电流互感器量程应大于最大值的 1.5 倍左右。高压系统一律选用 5A 的，并配用互感器，电压互感器一次电压与供电电压相符，二次电压为 100V；电流互感器同上。

第六章　电子电工技术的应用

第一节　室内供配电与照明

一、室内供配电

利用电工和电子学的理论与技术，在建筑物内部，人为创造并合理保持理想的环境，以充分发挥建筑物功能的一切电工设备、电子设备和系统，统称为建筑电气设备。从广义上讲，建筑电气包括工业用电和民用电，民用电又包括照明与动力系统、通信与自动控制两大部分，即生活中所说的“强电”与“弱电”。这里仅讨论民用电范畴之内的供配电与照明两个部分的内容和问题。

（一）室内供配电方式

1. 室内供配电技术的基本概念

（1）供电

民用建筑物一般从室内高压 10kV 或低压 380/220V 取得电源，称为供电。某些情况下会采用双电源供电，一路作为主电源，另一路作为备用电源，以保证电能的供给。

（2）配电

将电源电能分配到各个用电负荷称为配电。

（3）供配电系统

采用各种元件（如开关、保护器件）及设备（如低压配电箱）将电源与负荷连接，便组成了民用建筑的供配电系统。

（4）室内供配电系统

从建筑物的配电室或配电箱至各层分配电箱，或各层用户单元开关箱之间的供配电系统。

2. 室内供电线路的分类

民用建筑中的用电设备基本可分为动力和照明两大类，与用电设备相对应的供电线路也可分为动力线路和照明线路两类。

（1）动力线路

在民用建筑中，动力用电设备主要包括电梯、自动扶梯、冷库制冷设备、风机、水泵、医院动力设备和厨房动力设备等。动力设备绝大部分属于三相负荷，只有少部分容量较大的电热用电设备如空调机、干燥箱、电热炉等，它们虽是单相用电负荷，但也属于动力用电设备。对于动力负荷，一般采用三相制供电线路，对于较大容量的单相动力负荷，应当尽量平衡地接到三相线路上。

（2）照明线路

在民用建筑中，照明用电设备主要包括供给工作照明、事故照明和生活照明的各种灯具。此外，还包括家用电器中的电视机、窗式空调机、电风扇、家用电冰箱、家用洗衣机及日用电热电器，如电熨斗、电饭煲、电热水器等。它们的容量较小，虽不是照明器具，但都是由照明线路供电，所以统归为照明负荷。照明负荷基本上都是单相负荷，一般用单相交流 220V 供电，当负荷电流超过 30A 时，应当采用 220/380V 三相供电线路。

3. 室内配电系统的基本配电方式

室内低压配电方式就是将电源以何种形式进行分配。通常其配电方式分为放射式、树干式、混合式三类。

（1）放射式

放射式配电是单一负荷或一集中负荷均由一单独的配电线路供电的方式。其优点是各个负荷独立受电，因而故障范围一般仅限于本回路，检修过程中也仅须切断本回路，并不影响其他回路。但其缺点是所需开关等电气元件数量较多，线路条数较多，因而建设费用随之上升，此外，系统在检修、安装时的灵活性也受到一定的限制。

因此，放射式配电一般用于供电可靠性较高的场所或场合，只有一个设备且设备容量较大的场所，或者是设备相对集中且容量大的地点。例如，电梯的容量虽然不大，但为了保证供电的可靠性，也应采用一回路为单台电梯供电的放射式方式；再如大型消防泵、生活用水水泵、中央空调机组等，首先是其对供电可靠性要求很高，其次是其容量也相对较大，因此应当重点考虑放射式供电。

（2）树干式

树干式配电是一独立负荷或一集中负荷按它所处的位置依次连接到某一配电干线上的方式。树干式配电相对于放射式配电建设成本更低，系统灵活性更好；但其缺点是当干线发生故障时的影响范围大。

树干式配电一般用于设备比较均匀、容量有限、无特殊要求的场合。

（3）混合式

国内外高层建筑的总配电方案基本以放射式居多，而具体到楼层时基本采用混合式。混合式即放射式和树干式两种配电方式的组合。在高层住宅中，住户入户配电多采用一种自动开关组合而成的组合配电箱，对于一般照明和小容量电气插座采用树干式配电，而对于电热水器、空调等大容量家电设备，则宜采用放射式配电。

（二）室内供配电常用低压电器

低压电器通常工作于交流1200V之下与直流1500V之下的电路中，是对电能的生产、输送、分配和使用起到控制、调节、检测、转换及保护作用的器件。在室内低压配电系统和建筑物动力设备线路中，主要使用的器件有刀开关、熔断器、低压断路器、漏电断路器及电能表等器件。

1. 刀开关

刀开关也称闸刀开关，是作为隔离电源开关使用的，用在不频繁的接通和分断电路的场合，是结构最简单、应用范围最广泛的一种手动电器。常用的刀开关主要有胶盖闸刀开关和铁壳闸刀开关。

（1）胶盖闸刀开关

胶盖闸刀开关又称为开启式负荷开关，广泛用作照明电路和小容量（≤5.5kW）动力电路不频繁启动的控制开关。

胶盖闸刀开关具有结构简单、价格低廉及安装、使用、维修方便的优点。选用时，主要根据电源种类、电压等级、所需极数、断流容量等进行选择。控制电动机时，其额定电流要大于电动机额定电流的3倍。

（2）铁壳闸刀开关

铁壳闸刀开关又称为封闭式负荷开关，可不频繁地接通和分断负荷电路，也可以用作15kW以下电动机不频繁启动的控制开关。它的铸铁壳内装有由刀片和夹座组成的触点系统、熔断器和速断弹簧，30A以上的开关内还装有灭弧罩。

铁壳闸刀开关具有操作方便、使用安全、通断性能好的优点。选用时，可参照胶盖闸刀开关的选用原则进行。操作时，不得面对它拉闸或合闸，一般用左手掌握手柄。若需要更换熔丝，必须在分闸后进行操作。

（3）刀开关的电气符号及使用

刀开关的电气符号如图6-1所示，在图纸上绘制电路图时必须严格按照相应的图形符号和文字符号来表示，其文字符号为QS。

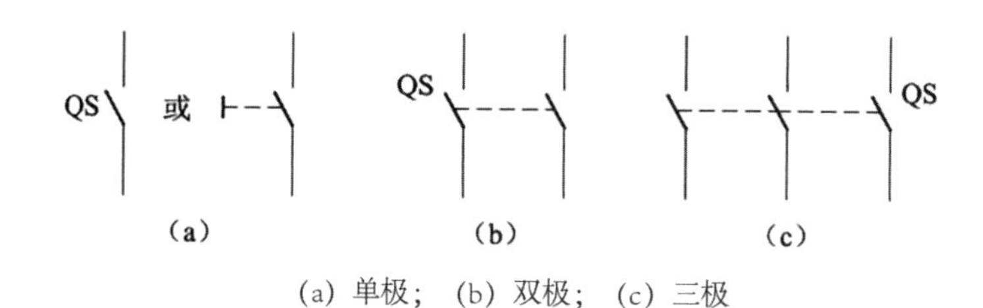

(a) 单极；(b) 双极；(c) 三极

图 6-1 刀开关的电气符号

在安装刀开关时，手柄要向上，不得倒装或平装，避免由于重力作用而发生自动下落，引起误动合闸。接线时，应将电源线接在上端，负载线接在下端，这样断开后，刀开关的触刀与电源隔离，既便于更换熔丝，又可防止可能发生的意外事故。

2. 熔断器

熔断器与保险丝的功能一致，是最简单的保护电器。当其熔体通过大于额定值很多的电流时，熔体过热发生熔断，从而实现对电路的保护作用。由于它结构简单、体积小、质量小、维护简单、价格低廉，所以在强电和弱电系统中都得到广泛的应用，但因其保护特性所限，通常用作电路的短路保护，对电路的较大过载也可起到一定的作用。

熔断器按其结构可分为开启式、封闭式和半封闭式三类。开启式熔断器应用较少，封闭式熔断器又可分为有填料管式、无填料管式、有填料螺旋式三种，半封闭式中应用较多的是瓷插式熔断器。

（1）瓷插式熔断器

瓷插式熔断器由瓷盖、瓷座、触头和熔丝组成，熔体则根据通过电流的大小选择不同的材质。通过小电流的熔体为铅制，它的价格低廉、使用便利，但分断能力较弱，一般应用于电流较小的场合。

（2）管式熔断器

管式熔断器分为熔密式和熔填式两种，均由熔管、熔体和插座组成，均为密封管形，且灭弧性好，分断能力高。熔密式的熔管由绝缘纤维制成，无填料，熔管内部可形成高气压熄灭电弧，且更换方便，它广泛应用于电力线路或配电线路中。熔填式熔断器由高频电瓷制成，管内充有石英砂填料，用以灭弧。当熔体熔断时必须更换新品，所以其经济性较差，主要用于巨大短路电流和靠近电源的装置中。

（3）螺旋式熔断器

螺旋式熔断器用于交流 380V、电流 200A 以内的线路和用电设备，起短路保护作用。

螺旋式熔断器主要由瓷帽、熔断管、瓷套、上接线端、下接线端和底座等组成。熔断管内除了装有熔丝外，还填有灭弧的石英砂。熔断管上盖的中心装有标红色的熔断指示器，当熔丝熔断时指示器脱出，从瓷帽上的玻璃窗口可检查熔丝是否完好。它具有体积小、结构紧凑、熔断快、分断能力强、熔丝更换方便、使用安全可靠、熔丝熔断后能自动指示等优点，在机床电路中广泛使用。

（4）熔断器的电气符号及使用

熔断器的电气符号如图 6-2 所示，其文字符号为 FU。熔断器的安装十分简单，只须串联进入电路即可。

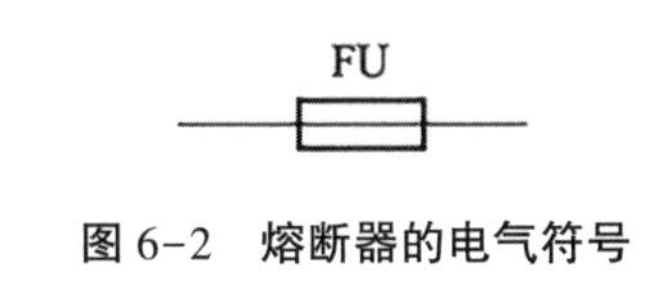

图 6-2 熔断器的电气符号

3. 低压断路器

低压断路器又称为自动空气开关，在电气线路中起到接通、分断和承载额定工作电流的作用，并能在线路发生过载、短路、欠电压的情况下自动切断故障电路，保护用电设备的安全。按其结构的不同，常用的低压断路器分为装置式和万能式两种。

（1）装置式低压断路器

装置式低压断路器又称为塑壳式低压断路器，它是通过用模压绝缘材料制成的封闭型外壳，将所有构件组装在一起，用于电动机及照明系统的控制、供电线路的保护等。从型号表示方法来看，这种开关主要是 DZ 系列。装置式低压断路器分为单极、双极和三极等类型，在实物上通常用 1P、2P、3P 来表示其极数。在室内配电中，1P 用来分断单相支路，2P 用来同时断掉零火线，而 3P 一般用作三相交流电的控制与保护。

低压断路器主要由触点、灭弧系统、各种脱扣器和操作机构等组成。脱扣器又分电磁脱扣器、热脱扣器、复式脱扣器、欠压脱扣器和分励脱扣器五种。装置式低压断路器体积小，分断电流较小，适用于电压较低、电流较小的民用建筑。

（2）万能式低压断路器

万能式低压断路器又称为框架式低压断路器，它由具有绝缘衬垫的框架结构底座将所有的构件组装在一起，用于配电网络的保护。从型号表示方法来看，这种低压断路器主要是 DW 系列。DW 系列低压断路器的内部结构通常暴露在外，分断电流较 DZ 系列要大很多，在民用建筑中，它一般不出现在用户终端或小型负荷中。

（3）低压断路器的电气符号及使用

不论是哪一种低压断路器，其电气符号都是唯一的，都用文字符号 QF 表示，如图 6-3所示。低压断路器的接线也是将各相串联进入电路，但在安装时要注意正向安装，合闸时应向上推动，严禁倒装或水平安装。

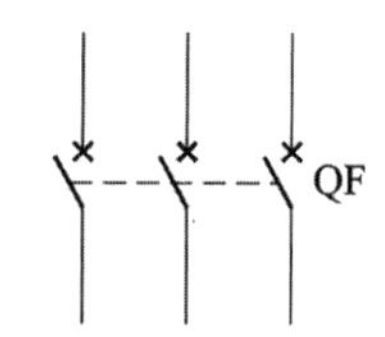

图 6-3 低压断路器的型号表示方法

4. 漏电保护器

漏电保护器又称为触电保护器或漏电断路器，它装有检漏元件、联动执行元件，当电路中漏电电流超过预定值时能自动动作，从而保障人身安全和设备安全。

常用的漏电保护器分为电压型和电流型两类。电压型漏电保护器用于变压器中性点不接地的低压电网。其特点是当人身触电时，零线对地出现一个比较高的电压，引起继电器动作，电源开关跳闸。电流型漏电保护器主要用于变压器中性点接地的低压配电系统。其特点是当人身触电时，由零序电流互感器检测出一个漏电电流，使继电器动作，电源开关断开。

目前广泛采用的漏电保护器为电流型漏电保护器，它分为电子式和电磁式两类，并按使用场所不同制成单相、两相、三相或三相四线式（四极）。实践证明，电磁式漏电保护器比电子式漏电保护器的可靠性更高。

电磁式漏电保护器的动作特性不受电压波动、环境温度变化及缺相等影响，而且抗磁干扰性能良好。特别对于使用在配电线终端、以防止触电为目的的漏电保护装置，一些国家严格规定了要采用电磁式漏电保护器而不允许采用电子式的。

将漏电保护器安装在线路中，使一次线圈与电网的线路连接、二次线圈与漏电保护器中的脱扣器连接。当用电设备正常运行时，线路中的电流呈平衡状态，互感器线圈中的电流矢量之和为零，电子电路不工作，动作继电器处于闭合状态。当发生漏电或者人员触电时，电流将在故障点进行分流，电流经人体—大地—工作接地流回变压器中性点，致使线路电流产生不平衡，出现剩余电流，从而激发电流互感器工作。此时，电流互感器的线圈中产生感应电流，经电子电路放大，使脱扣装置带动继电器动作，动作继电器断开，进而保护触电者。

漏电保护器总保护的动作电流值大多是可调的，调节范围为 15~100mA，最大可达 200 mA 以上。其动作时间一般不超过 0. 1s。家庭中安装漏电保护器的主要作用是防止人身触电，漏电开关的动作电流值一般不大于 30mA。在安装时，它通常直接与低压断路器融为一体，称作带漏电保护功能的低压断路器。

5. 电能表

电能表也称电度表，是用来测量某一段时间内电源提供电能或负载消耗电能的仪表。

它是累计仪表，其计量单位是千瓦·时（kW·h）。电能表的种类繁多，按其准确度可划分为0.5、1.0、2.0、2.5、3.0级等，按其结构和工作原理又可以分为电解式、电子数字式和电气机械式三类。电解式主要用于化学工业和冶金工业中电能的测量，电子数字式适用于自动检测、遥控和自动控制系统，电气机械式又可分为电动式和感应式两种。电动式主要用于测量直流电能，而交流电能表大多采用感应式电能表。在室内配电系统中，基本都使用感应式电能表，以下主要针对感应式电能表进行介绍。

（1）电能表的内部结构

电能表的内部主要由驱动元件、转动元件、制动元件和积算机构等组成。

驱动元件包括电压部件和电流部件。电压部件的线圈缠绕在一个“日”字形的铁芯上，导线较细，匝数较多。铁芯由硅钢片叠合而成。电流部件的线圈缠绕在一个“H”形的铁芯上，导线较粗，匝数较少。驱动元件的作用是：当电压线圈和电流线圈接到交流电路中时，产生交变磁通，从而产生转动力矩使电度表的铝盘转动。

转动元件由铝制圆盘和转轴组成，轴上装有传递转速的蜗杆，转轴安装在上、下轴承内，可以自由转动。

制动元件由永久磁铁和铝盘等组成。其作用是在铝盘转动时产生制动力矩，使转速与负载的功率大小成正比，从而使电能表反映出负载所耗的电能。

积算机构是用来计算电能表铝盘的转数，实现电能的测量和积算的元件。当铝盘转动时，通过蜗杆、蜗轮、齿轮等传动装置使“字轮”转动，可以从面板上直接读取数据。不过一般来说，电能表所显示的并不是铝盘的转数，而是负载所消耗的电能“度”数，1度等于1kW·h。

（2）电能表的工作原理

当交流电流通过感应式电能表的电流线圈和电压线圈时，在铝盘上会感应产生涡流，这些涡流与交变磁通相互作用而产生电磁力，进而形成转动力矩，使铝盘转动。同时，永久磁铁与转动的铝盘也相互作用，产生制动力矩。当转动力矩与制动力矩达到平衡时，铝盘以稳定的速度转动。铝盘的转数与被测电能的大小成正比，从而测出所耗电能。

（3）电能表的接线

电能表的接线原则是：电流线圈与负载串联，电压线圈与负载并联。对于单相交流电能表，在低电压380/220V、小电流10A以下的单相交流电路中，电能表可以直接接在电路上，如图6-4所示。其中，1端进线，为火线，3端出线接入负载，与负载串联，所以1、3两端接入了电流部件；2端火线进入，4端回零线，5端接入负载，与负载并联，所以2、4两端接入了电压部件。由于1、2两端直接在内部相连，因此一般的电能表外部只有4个接线柱，地线不接入电能表。

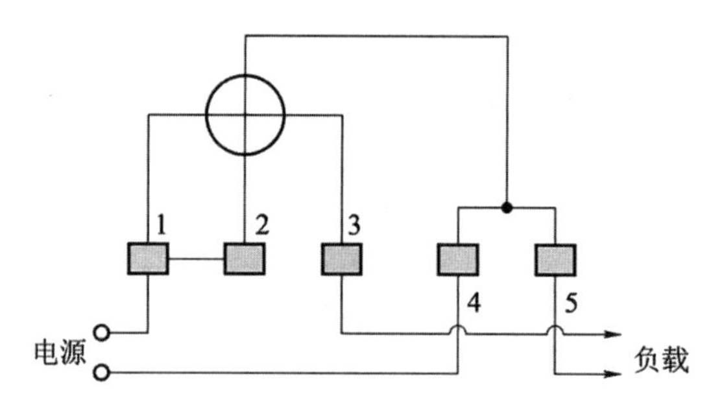

图 6-4　单相交流电能表接线示例

(4) 新型电能表简介

随着科技的快速发展，新型电能表正进入千家万户，如静止式电能表、插卡预付费电能表等。

①静止式电能表。静止式电能表借助电子电能计量的先进机理，继承传统感应式电能表的优点，并采用全屏蔽、全密封的结构，具有良好的抗电磁干扰性能，是集可靠、轻巧、高准度、高过载、防窃电等优点于一身的一体式电能表。顾名思义，静止式电能表的内部并无运动部件，均由电子器件代替，并具备自身的 CPU，可进行计算等所需功能。

静止式电能表的安装与机械式电能表大体一致，但接线应选取更粗的规格，避免发热烧毁。

②插卡预付费电能表。插卡预付费电能表又称 IC 卡表或磁卡表。它不仅具备了静止式电能表的各种优点，而且其电能计算采用先进的微电子技术，实现先买后用的管理功能。它的出现大大方便了住宅中的物业管理，基本新建住宅都已配备此种电能表。

（三）室内供配电线路及其安装

室内配线是指在建筑物内进行的线路配置工作，并为各种电气设备提供供电服务。配线是一道很重要的工序，在施工之前需要先了解室内配线的“条条框框”。

1. 室内配线的原则

在设计中，要优先考虑供电与今后运行的可靠性。总的来讲，在设计和安装过程中，应注意以下基本原则：

(1) 安全

配线也是建筑物内的一种设施，必须保证安全性。施工前选用的电气设备和材料必须合格。施工中对于导线的连接、地线的施工及电缆的敷设等，都应采用正确的施工方法。

(2) 便利

在配线施工和设备安装中，要考虑以后运行和维护的便利性，并要考虑今后发展的可能性。

（3）经济

在工程设计和施工中，要注意节约有色金属。如配线距离要选择最短路径；在承载负荷较小的情况下，宜选用横截面积较小的导线。

（4）美观

在室内配线施工中，须注意不要影响建筑物的美观，墙内配线要注意线槽的干净和横平竖直；明线敷设须选用合适的外部线槽。

2. 室内配线的要求

（1）配线时要求导线的额定电压应大于线路的工作电压，导线的绝缘应符合线路安装方式和敷设环境的条件，导线的截面应满足供电的要求和机械强度，导线敷设的位置应便于检查和修理，导线在连接和分支处不应承受机械力的作用。

（2）导线应尽量减少线路的接头，穿管导线和槽板配线中间不允许有接头，必要时可采用增加接线盒的方法；导线与电路端子的连接要紧密压实，以减小接触电阻和防止脱落。

（3）明线敷设要保持水平和垂直，敷设时，水平导线敷设距地面不少于 2.5m，垂直导线距地面不少于 1.8m。如达不到上述要求须加保护装置，防止人为碰撞等造成的机械损伤。

（4）导线穿越墙体时，应加装保护管（瓷管、塑料管、钢管）。保护管伸出墙面的长度不应小于 10mm，并保持一定的倾斜度。

（5）为防止漏电，线路的对地电阻应小于 0.5MΩ。

（6）明线相互交叉时，应在每根导线上加套绝缘管，并将套管在导线上固定。

（7）线路应避开热源和发热物体，如烟囱、暖气管、蒸汽管等。如必须通过时，导线周围温度不得超过 35℃。管路与发热物体并行时，当管路敷设在热水管下方时，二者的距离至少为 20cm；当敷设在热水管上面时，二者的距离至少为 30cm；当管路敷设在蒸汽管下方时，二者的距离至少为 50cm；当敷设在蒸汽管上面时，二者的距离至少为 100cm，并做隔热处理。

（8）导线在连接和分支处，不应承受机械应力的作用，并应尽量减少接头。导线与电器端子连接时要牢靠压实。大截面导线应使用与导线同种金属材料的接线端子，如铜和铝端子相接时，应将铜接线端做刷锡处理。

3. 室内配线的一般工序

（1）熟悉设计施工图，做好预留预埋工作。其主要工作内容有：确定电源引入方式及位置，电源引入配电盘的路径，垂直引上、引下及水平穿越梁柱、墙等位置和预埋保护管。

（2）确定灯具、插座、开关、配电盘及电气设备的准确位置，并沿建筑物确定导线敷设的路径。

（3）在土建涂灰之前，将配线所需的固定点打好孔眼，预埋螺栓、保护管和木榫等。

（4）装设绝缘支持物、线夹、线管及开关箱、盒等，并检查有无遗漏和错位。

（5）敷设导线。

（6）导线连接、分支、绝缘层的恢复和封闭要逐一完成，并将导线出线接头与设备连接。

（7）检查测试。

（四）室内配线方法

通常，室内配线分为明敷和暗敷，明敷配线相对容易，即直接使用绝缘导线沿墙壁、天花板，利用线卡、夹板、线槽等固定件来配线。明敷在配线出现问题时比较容易检修。

而一般的民用住宅大多采用暗敷，即将绝缘导线穿入管内，埋入墙体、地板下、天花板中，也称线管配线。这样配线美观工整，但如果线路出现问题，维修困难。所以，暗敷配线时一定要注意所选导线的质量，导线应有足够的机械强度和电流承受余量。

1. 线管配线方法

线管配线是将绝缘导线穿入 PVC 或金属材质的管道内，这种方法具有防潮、耐腐蚀、导线不易受到机械损伤等优点，其大量应用于室内外照明、动力线路的配线中。

（1）线管的选择

在选择线管时，应优先考虑线管的材质。在潮湿和具有腐蚀性的场所中，由于金属的耐腐蚀性差，所以不宜使用金属管配线。在这种情况下，一般采用管壁较厚的镀锌管或者使用最普遍的 PVC 线管。而在干燥的场所内，也同样可以大量使用 PVC 线管，只不过管壁较薄。

根据导线的截面积和导线的根数确定线管的直径，要求穿过线管的导线总截面积（包括绝缘层）不应该超过线管内径的 40%。当仅有两根绝缘导线穿于同一根管内时，管内径不应小于两根导线外径之和的 1.35 倍（立管可取 1.25 倍）。

（2）管线的处理

在布管前，由于已经设计好管线的敷设方向，或是已经在墙体上开槽，因此需要先对管线进行处理。

首先要选择合适的长度，材料的长度较长时应当锯短。切断方法是使用台钳将管固定，再用钢锯锯断，此外，管口要平齐，用锉去除毛刺。若铺管长度大于 15m，应增设过路盒，并使穿线顺利通过。过路盒中的导线一般不断头，只起到过渡作用。

线管在拐弯时，不要以直角拐弯，要适当增加转弯半径，否则管子很容易发生扁瘪的情况。处于内部的导线无疑会受到一个较大的弯折力，这时，可在拐弯处插入弯管弹簧，弯曲时，将弯管弹簧经引导钢丝拉至拐弯处，用膝盖或坚硬物体顶住线管弯曲处，双手慢慢用力，之后取出弯管弹簧即可。如上述操作都不好进行，拐弯时，尤其是直角拐弯时，可再次使用过路盒进行配置。

（3）配管

配管之前，由于是暗敷配线，因此需要在墙面、地面或者天花板上进行开槽。开槽深度应根据线管的直径来确定，但最好不要超过墙体混凝土厚度的1/3。若需要在墙壁铺设管道，最好垂直开槽，禁止在墙壁开出横向且长度较长的铺管槽。开槽时一定要保持横平竖直，工整无缺块。开好槽后，应再开锯开关、插座等的暗盒槽，准备埋入接线盒。之后，开始在槽内安装管道和接线盒。

①同一方向的管道应用细铁丝捆绑在一起，墙体上的管道应用钉子进行固定。

②管与管的连接最好使用配套的接头，并在其上涂抹黄油，缠绕麻丝，以保证机械强度和一定的密封性。

③接线盒安装完成后须使用专门的塑料盖盖严，以免在后续墙面抹灰时，堵塞其内部结构。

④最后，在管内穿入一根16号或18号的钢丝，将钢丝头留置在各个过路盒中，以便后续顺利将导线拉出。

（4）穿线

①准备好购买的导线，按照粗细、颜色等进行分组。

②可用吹风设备清扫管路，保持清洁。

③利用先前穿入的钢丝轻拉导线，不可用力过大，以免损伤导线。

④如有多条导线穿入，必须事先将其平行成束，不可缠绕，也可进行相应的捆绑。之后将所有导线头束缚在一起，以免接头面积扩大。

⑤穿出的导线应留有一定的长度，并将头部弯成钩状，以免导线缩回管内并等待接线。

2. 塑料护套线的配线方法

塑料护套线是一种将双芯或多芯的绝缘导线并在一起，外加塑料保护层的双绝缘导线，它具有防潮、耐酸、防腐蚀及安装方便等优点，广泛用于家庭、办公室的室内配线中。塑料护套线配线是明敷配线的一种，一般用铝片线卡（俗称钢精扎头）或塑料卡钉作为导线支持物，直接敷设在建筑物的墙壁表面，有时也可直接敷设在镂空的物体之上。比如，在家庭装修中所设计的装饰灯带经常采用塑料护套线进行配线，这样方便修理与安装，并且将塑料护套线直接放入灯带的镂空空间内不易被注意到。

由于塑料护套线配线是明敷配线，因此安装方法十分简单，具体操作步骤如下：

（1）定位

根据线路布置图确定导线的走向和各个电器的安装位置，并做好相应记号。

（2）画线

根据确定的位置和线路的走向，用弹线袋画线，并做到横平竖直，必要时可使用吊铅垂线来严格把控垂直角度。

（3）确定固定端位置

在画好的线上确定铝片线卡的位置：每两个铝片之间的距离应保持在120~200mm，拐弯处铝片至弯角顶端的距离为50~100mm，离开关、灯座等的距离规定为50mm。之后标注其位置记号。

（4）安装铝片线卡

根据上述标记的位置，先用钉子等固定器件穿孔将各个铝片固定在墙体或物体上。需要注意的是，铝片线卡根据塑料护套线的内部导线数量和粗细程度分为0、1、2、3、4号不同的大小和长度，在安装前一定要先行确定所安装护套线的粗细，选好铝片型号。

（5）敷设塑料护套线

护套线敷设时，安装在铝片之上。为使护套线平整、笔直，可运用瓷夹板对其先行固定、拉直，但不可用力过大，以免损伤护套线。

（五）室内配电箱

当今新建住宅中，每户都有自己的室内配电箱。室内配电箱分为强电配电箱和弱电配电箱。强电配电箱的电压等级为单相交流电220V，并为家中的插座、照明、家用电器等供电；弱电配电箱主要是通信弱电线路，主要包括网线、电话线、有线电视线等。

1. 强电配电箱的内部组成

强电配电箱的作用是将用户总电分配至家中各个用电负荷，并可以方便地在配电箱处灵活控制各个地点的电源通断，最后，它还可以对于家中的电气事故自动实施相应的保护措施。

从每层的分电源经过电能表进入该层某户的强电配电线路有三条。火线一般为红色，零线为蓝色或者黑色，地线为黄绿色相间。为了施工方便和人员安全，上述三种导线的颜色不能随意更换，尤其是地线，标准严格。

之后，将多个低压断路器经配电箱安装导轨并排整齐安装。该户的总电源断路器一般设置为双极，并通常带有漏电保护器，在出现电路故障时，能同时断掉零线和火线；在家中有人员触电或者漏电时，漏电保护器同样会跳闸保护。

除入户总电外，其他支路都配置为单相断路器。因插座、厨房、卫生间等地点容易发生触电事故，因此这些支路的断路器也应当配置漏电保护功能。

除断路器组合之外，配电箱中还具备分别的零线端子排和地线端子排。排上的每个接线柱经导体短接，以增加配电箱中零线和地线的接线柱数量，从而不至于将各条导线都挤进一个接线柱，最终保证用电安全。

配电箱的顶部和底部都有几个穿线管口，以便将各处和各功能的导线通过管口整齐地送至用电负荷处。

2. 导线的选用

（1）买来的导线都为成卷包装，每卷导线长度为100m，正负误差不超过0.5m。

（2）室内配线的常用电线型号有BV线、BVR线、BVV线等。BV为单股线，BVR为多股线，同等截面积的BVR线比BV线贵10%左右。在性能方面，BV线与BVR线基本相同，质量上BVR线略大一点，制作工艺更复杂一些，而且BVR线比较软，不易变形和折断。BVV线与上述两种线相比，其主要区别在于其铜芯外面有两层绝缘皮。

（3）在日常配电箱中，BV线使用较多。其根据承载电流大小的不同，导线截面积分为$1mm^2$、$1.5mm^2$、$2.5mm^2$、$4mm^2$、$6mm^2$、$10mm^2$等类型。截面积越大，发热量越小，承载大电流能力越强。入户干线经常使用$6mm^2$或者$10mm^2$的导线；照明线路使用$2.5mm^2$的导线便可；插座选用$4mm^2$的；空调、热水器等大功率电器使用$6mm^2$导线的居多，有时也使用$4mm^2$的导线。

（4）导线质量的辨认：在选取优质导线时，首先应注意包装是否完好，是否具有国家强制产品认证的“3C”标志，生产厂商信息及商品信息是否全面；其次要看铜质，好的铜芯导线铜色发红或发紫、手感柔软、有光泽，劣质铜芯导线铜色发白或发黄；最后看绝缘皮质量，看铜芯是否有偏芯现象，绝缘皮在弯折时应十分柔韧，劣质导线的绝缘皮被弯折时，立刻发白，严重时有粉末脱落。

3. 低压断路器的分组

在安装配电箱时，低压断路器须安装几个？是否须带漏电保护装置？下文将对这些方面做简要介绍，具体情况还要根据施工现场的室内状况与条件确定。

（1）根据室内面积，可将插座回路分成几个低压断路器，如客厅与餐厅使用一个回路，几个卧室使用另一个回路等，最好选用漏电保护器。导线可选用$4mm^2$规格的。

（2）厨房和卫生间等使用大功率用电器较多的场所，须单独布置回路，且须选用漏电保护器。导线选用$4mm^2$规格的。

（3）空调需要单独布置回路，导线可选用$6mm^2$规格的，挂壁式空调可不使用漏电保护器。热水器可与厨房或卫生间共用回路，也可在经济和条件允许的情况下单独布置回路，并使用漏电保护器。导线可使用 6mm^{2}规格的。

（4）照明回路无须安装漏电保护器，应注意根据现场的状况确定需要使用几个单极低压断路器。导线可选用 2.5mm^{2}规格的。

二、室内照明

照明是生活、生产中不可缺少的条件，也是现代建筑中的重要组成部分。照明系统由照明装置及电气部分组成，照明装置主要是指灯具，电气部分包括开关、线路及配电部分等。电气照明技术实际上是对光的设计和控制，为更好地理解电气照明，必须掌握照明技术的一些基本概念。

（一）照明技术基本概念

1. 光的基本概念

光是能量的一种形态，是能引起视觉感应的一种电磁波，也可称之为可见光。这种能量从一个物体传播到另一个物体，无须任何物质作为媒介。可见光的波长范围在 380（紫色光）~780nm（红色光）。

光具有波粒二象性，它有时表现为波动，有时表现为粒子（光子）。通常波长在 780nm~100μm 的电磁波称为红外线，波长在 10~380nm 的电磁波称为紫外线。红外线和紫外线不能引起人们的视觉感应，但可以用光学仪器或摄影束发现，所以在光学概念上，除了可见光以外，光也包括红外线和紫外线。

在可见光范围内，不同波长的可见光会引起人眼不同的颜色感觉，将可见光波 780~380nm 连续展开，分别呈现红、橙、黄、绿、蓝、靛、紫等代表颜色。

各种颜色之间连续变化，单一波长的光表现为一种颜色，称为单色光；多种波长的光组合在一起，在人眼中会引起复色光；全部可见光混合在一起，就形成了太阳光。

在太阳辐射的电磁波中，大于可见光波长的部分被大气层中的水蒸气和二氧化碳强烈吸收，小于可见光波长的部分被大气层中小的臭氧吸收，而到达地面的太阳光，其波长正好与可见光相同，这说明了人的视觉反应是在长期的人类进化过程中对自然环境逐步适应的结果。因此，通常所谓物体的颜色，是指它们在太阳光照射下所呈现的颜色。

2. 光的度量

就像以米为单位度量长度一样，光也可以用物理量进行度量，这些物理量包括光通量、照度、发光强度、亮度等。

3. 光源的色温

不同的光源，由于发光物质不同，其光谱能量分布也不同。一定的光谱能量分布表现为一定的光色，通常用色温来描述光源的光色变化。

如果一个物体能够在任何温度下全部吸收任何波长的辐射，那么这个物体称为绝对黑体。绝对黑体的吸收本领是一切物体中最大的，加热时其辐射能力也最强。黑体辐射的本领只与温度有关。严格地说，一个黑体若被加热，其表面按单位面积辐射光谱能量的大小及其分布完全取决于它的温度。因此，可把任一光源发出光的颜色与黑体加热到一定温度下发出光的颜色相对比来描述光源的光色。所以，色温可以定义为：当某种光源的色度与某一温度下的绝对黑体的色度相同时绝对黑体的温度。因此，色温是用温度的数值来表示光源颜色的特征。色温用绝对温度（K）表示，绝对温度等于摄氏温度加273。例如，温度为2000K的光源发出的光呈橙色，温度为3000K左右的光源发出的光呈橙白色，温度为4500~7000K的光源发出的光近似白色。

在人工光源中，只有白炽灯灯丝通电加热与黑体加热的情况相似。对白炽灯以外的其他人工光源的光色，其色度不一定准确地与黑体加热时的色度相同。所以，只能用光源的色度与最接近的黑体色度的色温来确定光源的色温，这样确定的色温叫作相对色温。

4. 光源的显色性

显色性是指光源对物体颜色呈现的程度，也就是颜色的逼真程度。显色性高的光源对物体颜色的表现较好，所看到的颜色比较接近自然色；显色性低的光源对颜色的表现较差，所看到的颜色偏差较大。

为何会有显色性高低之分呢？其关键在于该光线的分光特性，可见光的波长在380~780nm，也就是在光谱中见到的红、橙、黄、绿、蓝、靛、紫光的范围，如果光源所放射的光中所含的各色光的比例与自然光接近，则人眼所看到的颜色也就较为逼真。

一般以显色指数表征显色性。国际照明委员会（CIE）把太阳的显色指数定为100，即将标准颜色在标推光源的辐射下的显色指数定为100，将其当作色标。当色标被试验光源照射时，其颜色在视觉上的失真程度，就是这种光源的显色指数。各类光源的显色指数各不相同，如高压钠灯的显色指数为23，荧光灯管的显色指数为60~90。

显色分为两种，即忠实显色和效果显色。忠实显色是指能正确表现物质本来的颜色，须使用显色指数高的光源，其数值接近100。效果显色是指要鲜明地强调特定色彩表现生活的美，可以利用加色的方法来加强显色效果。采用低色温光源照射，能使红色更加鲜艳；采用中等色温光源照射，能使蓝色具有清凉感。显色指数越大，则失真越小；反之，显色指数越小，失真就越大。不同的场所对光源的显色指数要求是不一样的。

（二）照明技术基础

照明系统在施工之前须经详细的考察与设计，首先应根据应用场合的不同，选择合适的照明方式与种类。

1. 照明方式与种类

(1) 照明方式

照明方式是指照明设备按其安装部位或使用功能而构成的基本制式。按照国家制定的设计标准，照明方式划分为工业企业照明和民用建筑照明两类。按照照明设备安装部位不同可将照明方式分为建筑物外照明和室内照明。

建筑物外照明可根据实际使用功能分为建筑物泛光照明、道路照明、区街照明、公园和广场照明、溶洞照明、水景照明等。每种照明方式都有其特殊的要求。

室内照明按照其使用功能分为一般照明、分区照明、局部照明和混合照明几个类型。工作场所通常应设置一般照明；同一场所内的不同区域有不同的照度要求时，应采用分区一般照明；对于部分作业面照度要求较高，且只采用一般照明不合理的场所，宜采用混合照明；在一个工作场所内不应只采用局部照明。

(2) 照明种类

照明在分类方法上基本可总结出两种方式，即按光通量的效率划分和按使用功能及时间划分。

2. 照度标准

光对人眼的视觉有三个最重要的功能：识别物体形态（形态感觉）、颜色（色觉）和亮度（光觉）。人眼之所以能辨别颜色，是由于人眼的视网膜上有两种感光细胞——圆柱细胞和圆锥细胞。圆锥细胞对光的感受性较低，只在明亮的条件下起作用；而圆柱细胞对光的感受性较高，但只在昏暗的条件下起作用。圆柱细胞是不能分辨颜色的，只有圆锥细胞在感受光刺激时才能分辨颜色。因此，人眼只有在照度较高的条件下，才能区分颜色。

民用建筑照明设计中，应根据建筑性质、建筑规模、等级标准、功能要求和使用条件等确定合理的照度标准值，现行国家标准《建筑照明设计标准》（GB 50034-2013）中规定：在选择照度时，应符合标准照度分级：0.5、1、3、5、10、15、20、30、50、75、100、150、200、300、500、750、1000、1500、2000、3000、5000，单位为勒克斯。

3. 照明质量

照明的最终目的是满足人们的生产生活需要。总体而言，照明质量评价体系可概括为两类内容：一类是诸如照度水平及其均匀度、亮度及其分布、眩光、立体感等量化指标的评价，另一类是综合考虑心理、建筑美学和环境保护方面等非量化指标的评价。近年来，尤其是针对环境保护方面的评价更受到行业的重视。

(1) 照度水平及其均匀度

合适的照度水平应当使人易于辨别他所从事的工作细节。在设计时应当严格按照照度标准值执行。另外，如果在工作环境中工作面上的照度对比过大、不均匀，也会导致视觉不适。灯与灯之间的实物距离比灯的最大允许照射距离小得越多，说明光线相互交叉照射得越充分，相对均匀度也会有所提高。国际照明委员会（CIE）推荐，在一般照明情况下，工作区域最低照度与平均照度之比通常不应小于 0.8，工作房间整个区域的平均照度一般不应小于人员工作区域平均照度的 1/3。我国《民用建筑照明设计标准》中规定：工作区域内一般照明的均匀度不应小于 0.7，工作房间内交通区域的照度不应低于工作面照度的 1/5。

（2）亮度及其分布

作业环境中各表面上的亮度分布是决定物体可见度的重要因素之一，适当地提高室内各个表面的反射比，增加作业对象与作业背景的亮度对比，比简单提高工作面上的照度更加有效、更加经济。

（3）眩光

眩光是由于视野内亮度对比过强或亮度过高造成的，就是生活中俗称的“刺眼”，会使人产生不舒适感或降低可见度。眩光有直接眩光与反射眩光之分。直接眩光是由灯具、阳光等高亮度光源直接引起的，反射眩光是由高反射系数的表面（如镜面、光泽金属表面等）反射亮度造成的。反射眩光到达人眼时掩蔽了作业体，减弱了作业体本身与周围物体的对比度，会产生视觉困难。眩光强弱与光源亮度及面积、环境背景、光线与视线角度有关。在对照明系统进行设计时，需要着重考虑眩光对人眼的影响，降低局部光源照度与亮度，减少高反射系数表面，改变光源角度等，都是可行的措施。

（4）立体感

照明光源所发出的能量一般都会形成一定的光线、光束或者光面，即点、线、面的各种组合。研究表明，垂直照度和半柱面照度之比在 0.8～1.3 时，可给出关于造型立体感的较好参考，有利于工作区域作业。

（5）环境保护指标

在照明设备的生产、使用和回收过程中，都可能直接或间接地影响环境，尤其在发电过程中，除了会消耗大量的资源，还会带来许多附加环境问题。所以，减少电能的消耗，就是保护我们的环境。在照明设计中，应当优先选择效率较高的照明系统，这不仅要选择发光效率高的光源，还包括选择高效的电子镇流器和触发器等电器附属器件，以及采用照明控制系统和天然采光相结合的方式等。此外，光污染也是近年来比较活跃的一个课题。所谓光污染，主要包括干扰光和眩光两类，前者较多的是对居民的影响，后者常对车辆、行人等造成影响。

（三）常见电光源

电光源是指利用电能做功，产生的可见光源，与自然光——太阳光、火光等相区别。电光源的发展从爱迪生发明电灯开始至今，历经了四代电光源技术。虽然这四代电光源发明年代有先后之分，但因其不同的工作特点和经济特性至今仍然都在被广泛使用。尤其是以 LED 灯为代表的第四代产品正被大力推荐和推广使用。下面以时间为序依次介绍这四代电光源中比较有代表性的产品。

1. 第一代电光源——白炽灯

现代白炽灯是靠电流加热灯丝至白炽状态而发光的。其具有光谱连续性、显色性好、结构简单、可调光、无频闪等优点，这使得白炽灯在随后的数十年间取得了快速发展。

（1）白炽灯的内部结构

普通的白炽灯主要由玻壳、钨灯丝、引线、玻璃压封、灯头等组成。玻壳做成圆球形，制作材料是耐热玻璃，它把灯丝和空气隔离，既能透光，又能起到保护作用。白炽灯工作时，玻壳的温度最高可达 100℃左右。灯丝是用比头发丝还细得多的钨丝做成的螺旋形。同碳丝一样，白炽灯里的钨丝也害怕空气。如果玻壳里充满空气，那么通电以后，钨丝的温度会升高到 2000℃以上，空气就会对它毫不留情地发动袭击，使它很快被烧断，同时生成一种黄白色的三氧化钨，附着在玻壳内壁和灯内部件上。两条引线由内引线、杜美丝和外引线三部分组成。内引线用来导电和固定灯丝，用铜丝或镀镍铁丝制作；中间一段很短的红色金属丝叫杜美丝，要求它同玻璃密切结合而不漏气；外引线是铜丝，任务就是通电。排气管用来把玻壳里的空气抽走，然后将下端烧焊密封，灯就不会漏气了。灯头是连接灯座和接通电源的金属件，用焊泥把它同玻壳黏结在一起。

（2）白炽灯的特点

白炽灯显色性好、亮度可调、成本低廉、使用安全、无污染，至今仍被大量采用，如在室内装修或施工时的临时用灯还在大量使用白炽灯。之所以临时使用，是因为白炽灯利用热辐射发出可见光，所以大部分白炽灯会把其消耗能量中的 90%转化成无用的热能，只有少于 10%的能量会转化成光，因此它的发光效率低，能耗大，且寿命较短。

（3）白炽灯的使用

白炽灯适用于需要调光、要求显色性高、迅速点燃、频繁开关及需要避免对测试设备产生高频干扰的地方和屏蔽室等。生活中，白炽灯需 220V 的单相交流电供电，无须任何辅助器件，安装方便、灵活。在选购白炽灯时，须主要查看其灯头规格和额定功率。常用的灯头规格为 E14 和 E27 两类，都为旋转进入，E14 的灯头细长，E27 的灯头较为粗短；后续将要介绍到的节能灯、LED 灯等生活用灯也遵循这样的灯头规格。某些白炽灯的灯头也被制作成插脚型，但应用较少。常用的额定功率有 15W、25W、40W、60W、100W、150W、200W、300W、500W。

2. 第二代电光源——低压气体放电灯

气体放电灯是由气体、金属蒸气混合放电而发光的灯。气体放电的种类很多，用得较多的是辉光放电和弧光放电。辉光放电一般用于霓虹灯和指示灯。弧光放电有较强的光输出，因此普通照明用光源都采用弧光放电形式。

气体放电灯可分为低压气体放电灯和高压气体放电灯。20 世纪 30 年代，荷兰科学家发明出第一支荧光灯，至此，低压气体放电灯宣告诞生。此外，低压气体放电灯还包括钠灯、无极灯等种类，而荧光灯以其优异的性能和传统得到最为普遍的应用。

荧光灯按其技术水平的先进程度、发光和附属器件的工作原理，主要分为传统型荧光灯、电子镇流型荧光灯、节能型荧光灯和荧光高压汞灯等。

(1) 传统型荧光灯

传统型荧光灯也称为电感镇流器荧光灯，是依靠汞蒸气放电时辐射出的紫外线来激发灯体内壁的荧光物质发光的。它在工作时不是直接与电源相连，而是通过启辉器、镇流器等附属器件共同组成电路系统来进行工作。

①荧光灯电路系统中的器件

A. 灯管。传统型荧光灯管内的两头各装有灯丝，灯丝上涂有电子发射材料三元碳酸盐，俗称电子粉，在交流电压的作用下，灯丝交替地作为阴极和阳极。灯管内壁涂有荧光粉，荧光粉颜色不同，发出的光线也不同，这就是荧光灯可做成白色和各种颜色的原因。管内充有 400~500Pa 压力的氩气和少量的汞。灯管要想启动，必须在其两端加有瞬时高电压，才能使其内部物质发生作用。以 40W 的荧光灯管为例，其两端的电离电压需要高达千伏左右，而灯管正常工作后，维持其工作的电压都很低，在 110V 上下。

B. 镇流器。将传统的电感镇流器进行拆解，在硅钢片上缠绕有电感线圈——镇流器的核心部件。电感具有“隔交通直、阻高通低”的特性：当通入电感的电流产生变化时，电感线圈的自感应电动势会阻止电流升高或降低的趋势，利用这样的特性，在电路启动时提供瞬间高压，在电路正常工作时又起到降压限流的作用。

C. 启辉器。它是用来预热日光灯灯丝，并提高灯管两端电压，以点亮灯管的自动开关。启辉器的基本组成可分为：充有氖气的玻璃泡、静触片、动触片，其中触片为双金属片。当启辉器的管脚通入额定电压时，内部氖气发生电离，泡内温度升高，U 形动触片由于是两片热膨胀系数不同的双金属片叠压而成，因此会发生变形，进而触碰静触片，使上述提到的“开关”闭合。启辉器的通断直接带来电路系统中电流的变化，进而激发镇流器的工作。

②荧光灯电路系统的工作原理

荧光灯电路启动时，开关闭合，220V 的电压加在启辉器之上，启辉器中的惰性气体发生电离，使其内部温度升高，启辉器 U 形动触片变形使之闭合。电路接通，使灯丝预热，此时加在启辉器之上的电压变为 0，启辉器内部冷却，动触片回位，电路断开。那么，流经镇流器的电流突然降为 0，使其产生自感电动势，与电源的方向一致，相加之后，使之承受高压。此时，灯管内的惰性气体电离，管内温度升高，管中的水银蒸气游离碰撞惰性气体分子，从而弧光放电产生紫外线，看不见的紫外线照射在管壁上的荧光粉时，荧光粉便发出光亮，至此启动完成。

荧光灯正常发光后，由于灯管内部的水银蒸气电离成导体，交流电会不断通过镇流器的线圈，线圈中产生自感电动势，自感电动势阻碍线圈中的电流变化，这时镇流器起降压限流的作用，使电流稳定在灯管的额定电流范围内，灯管两端的电压也稳定在额定工作电压范围内。由于这个电压低于启辉器的电离电压，所以并联在两端的启辉器也就不再起作用了。又由于电压降低，所以荧光灯在工作中比较节能。

可见，荧光灯在启动过程中，会承载一个很高的瞬时电压，激发电离。然而当其正常工作后则电压值很低，因此，各类荧光灯都不适合频繁地开关，否则由于经常有高电压的冲击，会直接影响其使用寿命。

（2）电子镇流型荧光灯

电子镇流型荧光灯与传统型荧光灯的结构基本相同，区别在于镇流器。电子镇流器相对于电感镇流器而言，其采用电子技术驱动电光源，轻便小巧，甚至可以将电子镇流器与灯管等集成在一起；同时，电子镇流器通常可以兼具启辉器的功能，故此可省去单独的启辉器。它还可以具有更多的功能，例如，可以通过提高电流频率或者电流波形改善或消除日光灯的闪烁现象，也可通过电源逆变过程使得日光灯可以使用直流电源。由于传统电感式镇流器的一些缺点，它正在被日益发展成熟的电子镇流器所取代。

电子镇流型荧光灯与传统型荧光灯相比优点很多。第一，电子镇流型荧光灯更加高效节能；第二，电子镇流型荧光灯无频闪、无噪声，有益于身体健康，因为电子镇流器的核心部分——开关振荡源是直流供电，所输入的交流电先经过整流、滤波，故其对供电电源的频率不敏感，加之振荡源输出的是 20～50kHz 的高频交流电，人的眼、耳根本不能分辨如此高的频率；第三，低电压启动性能好，电感镇流器荧光灯在电压低于 180V 时，就难以启动，而电子镇流器节能灯在供电电压 130～250V 内，约经过 2s 的时间就能快速地一次性启辉点燃，对低质电网有很强的适应能力；第四，电子镇流型荧光灯的寿命长，电感荧光灯的额定寿命为 2000h，而电子节能灯的额定寿命为 3000～5000h，有的寿命甚至高达 8000～10000h。

(3) 节能型荧光灯

节能型荧光灯可分为单端节能灯和自镇流节能灯两类，它们也是荧光灯家族中的重要成员。

单端节能灯是将荧光灯的灯脚设计在一端，因而体积小巧、安装方便，用于专门设计的灯具，如台灯等。单端节能灯在选取时要认清灯脚的数量，两针的单端节能灯已经将启辉器和抗干扰电容加入灯体内部，而四针的却不含有任何电子器件。

自镇流节能灯自带镇流器、启辉器及全套控制电路，并装有螺旋式灯头或者插口式灯头。电路一般是封闭在一个外壳里，灯组件中的控制电路以高频电子镇流器为主，属于电子镇流型荧光灯的范畴。这种一体化紧凑型节能灯可直接安装在标准白炽灯的灯座上面，直接替换白炽灯，使用比较方便。

照明用自镇流节能灯的节能效果及光效比普通白炽灯泡和电子镇流器式普通直管形荧光灯高许多。以H形节能灯为例，一只7W的H形节能灯产生的光通量与普通40W白炽灯的光通量相当，9W的H形节能灯与60W的白炽灯光通量相当。可见，普通照明用自镇流荧光灯的光效是白炽灯的6~7倍。它与普通直管形荧光灯相比，其发光效率要高30%以上。

总体来讲，荧光灯的发光效率、节能程度要比白炽灯高得多，在使用寿命方面也优于白炽灯；其缺点是显色性较差，特别是它的频闪效应，容易使人眼产生错觉，应采取相应的措施消除频闪效应。另外，荧光灯需要启辉器和镇流器，使用比较复杂。但自镇流节能灯完全可以替代白炽灯。此外，荧光灯无法像白炽灯一样调节明暗，且在使用时不应频繁地通断。

3. 第三代电光源——高强度气体放电灯

20世纪40—60年代，科学家发现了提高气体放电的工作压力而表现出的优异特性，进而不断地开发出高压汞灯、高压钠灯、金属卤化物灯等高强度气体放电灯，由于其具有功率密度高、结构紧凑、光效高、寿命长等优点，使得其在大面积泛光照明、室外照明、道路照明及商业照明等领域得到广泛应用，成为第三代电光源的典型代表。

(1) 高压汞灯

高压汞灯是玻壳内表面涂有荧光粉的高压汞蒸气放电灯。它能发出柔和的白色灯光，且结构简单、成本低、维修费用低，可直接取代普通白炽灯。它具有光效高、寿命长、省电又经济的特点，适用于工业照明、仓库照明、街道照明、泛光照明和安全照明等。

①高压汞灯的分类

高压汞灯的类型较多，有在外壳上加反射膜的反射型灯（HR），有适用于300~500nm重氮感光纸的复印灯，有广告、显示用的黑光灯，有红斑效应的医疗用太阳灯，有作尼龙原料光合化学作用和涂料、墨水聚合干燥的紫外线硬化用的汞灯等。应用最普遍的是自镇流高压汞灯。

②高压汞灯的工作原理

高压汞灯的灯泡中心部分是放电管，用耐高温的透明石英玻璃制成。管内充有一定量的汞和氩气。用钨作电极并涂上钡、锶、钙的金属氧化物作为电子发射物质。电极和石英玻璃用钼箔实现非匹配气密封接。启动采用辅助电极，它通过一个 40~60kΩ 的电阻连接。外壳除起保护作用外还可防止环境对灯的影响。外壳内表面涂以荧光粉，使其成为荧光高压汞灯。荧光粉的作用是补充高压汞灯中不足的红色光谱，同时提高灯的光效。在主电极的回路中接入镇流灯丝（钨），就使其成为自镇流高压汞灯，无须外接镇流器，可以像白炽灯一样直接使用。

高压汞灯的放电管内充有启动用的氩气和放电用的汞。通电后，灯内辅助电极和相邻的主电极之间的气体被击穿而产生辉光放电，瞬时引起两主电极间弧光放电。放电初始阶段是由氩气和低气压的汞蒸气放电，所产生的热量使得管壁温度升高，汞蒸发气化，逐步过渡到向高气压放电，并在数分钟内达到稳定放电。在放电过程中，受激的汞原子不断地从激发态向基态或低能态跃进，形成放电管中电子、原子和离子间的碰撞而发光。

（2）高压钠灯

钠灯是利用钠蒸气放电产生可见光，可分为低压钠灯和高压钠灯两种。低压钠灯的工作蒸气压不超过几个帕。高压钠灯的工作蒸气压大于 0.01MPa。高压钠灯使用时发出金白色光，具有发光效率高、耗电少、寿命长、透雾能力强和不易锈蚀等优点。它广泛应用于道路路灯、高速公路、机场、码头、车站、广场植物栽培等诸多生活领域。

①高压钠灯的工作原理。当灯泡启动后，电弧管两端的电极之间产生电弧，电弧的高温作用使管内的钠、汞同时受热蒸发成蒸气，阴极发射的电子在向阳极运动过程中，撞击放电物质的原子，使其获得能量产生电离激发，然后由激发态回复到稳定态，或由电离态变为激发态，无限循环下去，多余的能量以光辐射的形式释放，便产生了光。

②高压钠灯的使用安装。高压钠灯是一种高强度气体放电灯泡。由于气体放电灯泡的负阻特性，如果把灯泡单独接到电网中去，其工作状态是不稳定的，随着放电过程继续，它必将导致电路中的电流无限上升，直至最后灯光或电路中的零部件被过流烧毁。

钠灯同其他气体放电灯泡一样，工作时是弧光放电状态，其伏安特性曲线为负斜率，即灯泡电流上升，而灯泡电压下降。在恒定电源的条件下，为了保证灯泡稳定地工作，电路中必须串联一个具有正阻特性的电路元件来平衡这种负阻特性，以稳定工作电流，该元件为镇流器或限流器。镇流器在通电瞬间通过触发器启动激活钠灯内部的高压气体，点亮钠灯，当钠灯点亮后，触发器就分离。

4. 第四代电光源——LED 灯

20 世纪 60 年代，科技工作者利用半导体 PN 结发光的原理，研制出了 LED 发光二极管，即 LED 灯的雏形，也拉开了第四代电光源的序幕。LED 最初只用作指示灯，并未延伸至照明领域，但随着科技的发展，发光二极管的亮度大大提升，将多个发光二极管通过电路的组合和外壳的封装，即是如今炙手可热的 LED 灯。LED 灯因其高效、节能、安全、长寿、小巧、光线清晰等技术特点，正在成为新一代照明市场上的主力产品，只是价格方面还不能尽如人意。

（1）发光二极管的工作原理

发光二极管具有一般 PN 结的伏安特性，即正向导通、反向截止和击穿特性。发光二极管的照明是一个电光转换的过程。当一个正向偏压施加于 PN 结两端时，由于 PN 结势垒的降低，P 区的正电荷将向 N 区扩散，N 区的电子也向 P 区扩散，同时在两个区域形成非平衡电荷的积累。对于一个真实的 PN 结型器件，通常 P 区的载流子浓度远大于 N 区，致使 N 区非平衡空穴的积累远大于 P 区的电子积累。由于电流注入产生的少数载流子是不稳定的，对于 PN 结系统，注入价带中的非平衡空穴要与导带中的电子复合，其余的能量将以光的形式向外辐射，这就是 LED 发光的基本原理。

（2）LED 灯的内部结构及电路工作原理

LED 灯的种类多种多样，但电路的基本工作原理是通用的，如球形 LED 灯，其组成结构可分为灯罩、驱动板、灯珠板、散热器、灯头几个部件。

220V 的电压加载至灯泡，首先经驱动板进行整流和降压。因为发光二极管工作时只接受直流电，并且可承载的电压很低，因而须将整理好的电压通入灯板，使 LED 灯发亮。将 220V 的电压经二极管整流电路进行交直变换，经 C_2平波、R_3分压，将电压送至 LED 串联组进行工作。注意，LED 都为串联，所以只要有一个灯珠损坏，所有灯珠均不会发亮。

（3）LED 灯的主要特点

LED 作为一个发光器件，之所以备受人们的关注，是因为它具有比其他发光器件优越的特点，具体有以下六方面：

①工作寿命长。LED 作为一种半导体固体发光器件，比其他的发光器件有更长的工作寿命，其亮度半衰期通常可达到 10 万小时。如用 LED 灯替代传统的汽车用灯，那么，它的寿命将与汽车的寿命相当，具有终身不用修理与更换的特点。

②低电耗。LED 是一种高效光电器件，因此在同等亮度下，其耗电较少，可大幅降低能耗。今后随着工艺和材料的发展，它将具有更高的发光效率。

③响应时间快。LED 一般可在几十纳秒（ns）内响应，因此是一种高速器件，这也是其他光源望尘莫及的。

④体积小、质量小、耐冲击。这是半导体固体器件的固有特点。

⑤易于调光、调色，可控性大。LED 作为一种发光器件，可以通过流经电流的变化控

制其亮度，也可通过不同波长的配置来实现色彩的变化与调整。因此，用 LED 组成的光源或显示屏，易于通过电子控制来达到各种应用的需要，它与 IC 计算机在兼容性上无丝毫困难。另外，LED 光源的应用，原则上不受空间的限制，可塑性极强，可以任意延伸，并实现积木式拼装。目前，超大彩色显示屏的发光非 LED 莫属。

⑥绿色、环保。电子用 LED 制作的光源不存在诸如汞、铅等环境污染物，因此，人们将 LED 光源称为“绿色”光源是毫不为过的。

（四）照明系统主要电器

1. 室内开关

开关对电路的接通和断开起到控制作用，照明系统的开关中，普通按动式开关应用最多，某些生活场合还用到触摸延时开关、声光控制开关等。

（1）普通按动式开关

按动式开关的种类很多，除尺寸大小、按键设计不同之外，最关键的是其内部触点机构的控制方式不同。其主要包括单极触点、单刀双掷触点和双刀双掷触点三种。

面板上只有单一按键的按动式开关，如果是单极触点结构则称为一开单控开关，如果是单刀双掷触点结构则称为一开双控开关，如果是双刀双掷触点结构则称为双开双控开关，在选取时应灵活运用。可以看出名称中的“开”代表了面板上按键的数量，对于 86 型面板，最多可容纳四个按键，即一至四开；对于 118 型面板最多可容纳 8 个按键，即最多是八开。另外，名称中的“控”代表本节所介绍的开关触点类型。举个例子，某面板上具备两个按键，每个按键的触点形式都为单极触点，即此开关称为“双开单控”开关。

（2）触摸延时开关

触摸延时开关在使用时，只要用手指摸一下触摸电极，灯就随之点亮，延时若干分钟后自动熄灭。

触摸延时开关的外面有一个金属感应片（触摸片），人一触摸该感应片就产生一个信号触发三极管导通，对电容充电，电容形成一个电压来维持一个场效应管导通，灯泡发光。当把手拿开后，停止对电容充电，过一段时间电容放电完毕，场效应管的栅极就成了低电势，进入截止状态，灯泡熄灭。

触摸延时开关广泛用于楼梯间、卫生间、走廊、仓库、地下通道、车库等场所的自控照明，尤其适合常忘记关灯、关排气扇的场所，可避免长明灯浪费现象，节约用电。可以看到，触摸延时开关是无触点电子开关，无电弧，这延长了负载的使用寿命；触摸金属片的地极零线电压小于 36V 的人体安全电压，使用时对人体很安全。除照明线路之外，触摸延时开关也可用于带动风扇等其他负载。

（3）声光控制开关

声光控制开关是由声音和光照度来控制的墙壁开关，当环境的亮度达到某个设定值以下，同时环境的噪声超过某个值时，这种开关就会开启，开启一段时间后可自动熄灭，起到节省电能的作用。现代楼宇的走廊、楼梯间等场所已普遍应用这种开关。

从声光控制开关的结构上分析，其开关的面板表面装有光敏二极管或者光敏电阻等光敏元件，内部装有驻极体话筒，而光敏元件的敏感效应只有在黑暗时才起作用，也就是说当天色变暗到一定程度时，光敏元件感应后会在电子线路板上产生一个脉冲电流，使光敏元件一路电路处在关闭状态，这时只要有响声出现，驻极体话筒就会同样产生脉冲电流，这时声光控制开关电路就连通，使灯具点亮。

（4）家用开关插座的尺寸

在室内配线中，开关与插座执行相同的尺寸国家标准。在安装时，通常采用暗装的方式，即开关或插座紧贴墙壁，其后部结构及接线全部隐藏在暗盒内部。暗盒也称接线盒，直接安装于墙体内，按制作材料分主要有 PVC 和金属材质，按形状分主要有正方形、长方形和八角形几种。接线盒除了材质和形状之外，也有一定标准的尺寸，是与开关或插座的标准尺寸相互对应的。

开关和插座的尺寸根据国家标准分为很多种，其中最常用的是 86 型开关插座，其次也经常用到 118 型和 120 型两类。

所谓的 86 型开关插座，即宽和高均为 86mm 的面板，在生活中应用极多，与之对应的接线盒尺寸大约为 80mm×80mm。

118 型开关插座的宽为 118mm，高为 75mm，在生活中也逐步普及，一般一个 118 型面板，通常最多可以安装 4 个开关或 4 个插座。

120 型开关插座的宽为 75mm，高为 120mm，为竖直安装，生活中并不常见。也有 120 型开关插座的衍生品，即宽和高都为 120mm 的开关插座，它是一个大号的正方形，工程上常把它称作大 120 型。

2. 家用插座

家用插座在选取或安装时主要考虑其基本功能和额定电流两个问题。从基本功能来看，插座主要有普通插座、安全插座和防潮插座等类型；它又可分为三孔插座、三孔多用插座、五孔插座、多孔插座等类型。

普通插座在插孔处没有安全隔离片，肉眼可直接观察到其内部铜片，家中如使用此类型的插座，必须将其安装在墙壁 1. 8m 以上，以防止家中未成年人发生触电。

安全插座即在插孔处加装安全隔离片，人员无法直接与插座中的导电部分接触，只有插头的插脚可以以机械力推开隔离片，以防止人员触电。

防潮插座一般安装于卫生间等潮湿、易产生水汽的场所。通常在插座面板之上还要加装防潮护盖，以防水汽甚至水滴直接溅入内部，引起触电或损坏用电器。

三孔插座除零火线外，还配有一根接地线，用以将用电器的金属外壳安全接地，保证漏电时触碰人员的安全。三孔多用插座零火线的插孔经扩大，既可插入三插脚插头，又可地线悬空插入两插脚插头。五孔插座则两者都具备。

插座的额定电流，规定了本插座对电流的承载能力，可分为 10A、16A、20A、25A、65A 等类型，对于办公和家庭，最常用的是 10A 和 16A 的插座类型。如照明和功率不高的用电器基本安装 10A 的插座作为电源，10A 的插座一般用于额定功率在 1800W 以下的用电器；而空调、电热水器、某些电热式厨房电器等大功率用电器件应该选取 16A 的插座为宜，一般可承受 3000W 以下的用电器。

从使用上来说，10A 和 16A 的插座在插头的对应方面是有区别的，10A 的插座插孔较细，16A 的插座插孔较粗，而大功率用电器，如空调所配备的插头插脚也要粗一些，因此，家中的大功率用电器只能插在 16A 的插座中，这样的设计可防止人员不根据承载电流而随意使用插座，从而造成火患。

插座的接线与开关相比要简单许多，一般三孔插座后部有三个接线柱，分别是火线、零线和地线。只须找到相应的英文字母或图形标示，直接进行线路的连接即可。

第二节　智能配电网中的电能质量控制与补偿技术

电能质量的先进程度是一个国家科技发展水平和综合国力的主要标志之一。我国工业经济快速发展，居民生活水平显著提高，对高科技尖端设备的大量使用及生产领域对产品质量重视的提升，使得电力用户对电能质量的要求越来越高。

一、智能配电网中的典型电能质量问题

基于计算机与微处理器管理和控制的各种电力电子设备在电力系统中大量使用，它们比一般机电设备更为敏感，对供电质量的要求更苛刻，例如数控机床、高精度测量仪器、精密医疗设备、变频调速设备和各种自动化生产线等。另外，一些特殊的行业，如造纸、纺织、半导体制造、精密加工及银行、电信、医疗、军事等对电网中的谐波、过电压、短时断电、电压暂降和暂升等电能质量干扰十分敏感，电能质量的欠佳有可能会引起生产作业过程的设备故障，从而造成巨大的经济损失。与此同时，一些冲击性、非线性和非对称性负荷，如工业生产中的大型轧钢机、大型吊车、电力机车、晶闸管整流电源、变频调速装置等，它们的启停和运行等都可能会引起电力系统功率因数降低和电压波形畸变等问题，严重威胁电网供电质量。自 20 世纪 80 年代后期，电能质量问题引起国内外越来越多

专家、学者和用户的密切关注。

（一）电能质量的定义

理想电力系统应该以规定的频率（50Hz 或 60Hz）、标准的正弦波形和标称电压对用户供电。在三相交流系统中，各相电压和电流应处于相应的幅值大小相等、相位互差 120°的对称状态。由于诸多因素和干扰，理想的供电状态在实际运行中可能不存在，引发出了电能质量的概念。工业领域不同行业对电能质量的认识不同，相关英文名词术语也不同，如“electric power system quality”或“quality of power supply”等，后由 IEEE 标准化协调委员会统一定义为“power quality”。

（二）电能质量问题种类

电能质量包括稳态电能质量和动态电能质量。描述电能质量问题的术语主要包括：电压不平衡、过电压、欠电压、电压暂降、电压骤升、供电中断、电压瞬变、电压切痕、电压波动或闪变、谐波等。其中，前三种现象一般视为稳态电能质量问题，后七种为动态电能质量问题。

1. 电压不平衡

电压不平衡是指三相电压的幅值或相位不对称，不平衡的程度用不平衡度来表示。连接于公共连接点的每个用户，引起该点正常电压不平衡度容许值一般不得高于 130%。在电力系统中，各种不平衡工业负荷及各种接地短路故障都会导致三相电压的不平衡。根据对称分量法，三相系统中的电量可分解为正序分量、负序分量和零序分量三个对称分量。电力系统在正常运行方式下，电量的负序分量均方根值与正序分量的均方根值之比定义为该电量的三相不平衡度，其计算公式为

$$\varepsilon = \frac{U_2}{U_1} \times 100\% \tag{6-1}$$

式中：ε——电量的三相不平衡度；

U_1、U_2——电压正序、负序分量均方根值。

2. 过电压

过电压是指持续时间大于 1min、幅值大于标称值的电压。典型的过电压值为 1. 1~1. 2 倍标称值。过电压通常是由于负载的切除和无功补偿电容器组的投入等过程引起。另外，变压器分接头的不正确设置也是产生过电压的原因。

3. 欠电压

欠电压是指持续时间大于 1min、幅值小于标称值的电压。典型的欠电压值为 0. 8~0. 9

倍标称值。其产生的原因一般是负载的投入和无功补偿电容器组的切除等。另外，变压器分接头的不正确设置也是欠电压产生的原因。

4. 电压暂降

电压暂降是指在工频下，电压的有效值短时间内下降。典型的电压暂降值为 0.1~0.9 倍标称值，持续时间为 10ms 到 1min。电压暂降产生的主要原因为电力系统故障，如系统发生接地短路故障、大容量电机的启动及负载突增等。

5. 电压骤升

电压骤升是指在工频下，电压的有效值短时间内上升。典型的电压骤升值为 1.1~1.8 倍标称值，持续时间为 10ms 到 1min。电压骤升产生的主要原因为电力系统故障，如系统发生单相接地等故障，大容量电机的停止及负载突降也是导致电压骤升的一个重要原因。

6. 供电中断

供电中断是指在一段时间内，系统的单相或多相电压低于 0.1 倍标称值。瞬时中断定义为持续时间在 10ms 到 3s 之间的供电中断，短时中断的持续时间在 3~60s，而持久停电的持续时间大于 60s。

7. 电压瞬变

电压瞬变又称为瞬时脉冲或突波，是指两个连续的稳态之间的电压值发生快速变化。电压瞬变按照电压波形的不同分为两类：一是电压瞬时脉冲，指叠加在稳态电压上的任一单方向变动的电压非工频分量；二是电压瞬时振荡，指叠加在稳态电压的同时包括两个方向变动的电压非工频分量。电压瞬变可能是由闪电引起的，也可能是由于投切电容器组等操作产生的开关瞬变。

8. 电压切痕

电压切痕是一种持续时间小于 10ms 的周期性电压扰动。它是由于电力电子装置换相造成的，它使电压波形在一个周期内有超过两个过零点。

9. 电压波动或闪变

电压波动或闪变是指电压包络线呈系统性的变化或电压幅值发生一系列的随机性或周期性变化。通常变化范围为 0.9~1.1 倍标称值，其可能由开关动作或大容量负荷的变动引起。常用一系列电压均方根值中相邻的两个极值之差与系统标称电压的相对百分比来表示，即

$$d = \frac{U_{max} - U_{min}}{U_N} \times 100\% \tag{6-2}$$

式中：U_{max}、U_{min}——系列电压均方根值中相邻的极大值和极小值；

U_N ——系统标称电压。

负荷电流的大小呈现快速变化时，可能引起电压的波动，简称为闪变，闪变来自电压波动对照明的视觉影响。严格来讲，电压波动是一种电磁现象，而闪变是电压波动对某些用电负荷引起的有害结果。

10. 谐波

谐波即对周期性的交流量进行傅立叶级数分解，得到频率大于 1 的整数倍基波频率的分量，其由电网中非线性负荷引起。国家标准《电能质量公用电网谐波》（GB/T 14549-1993）规定了公用电网谐波的容许值及其测量方法，适用于交流频率为 50Hz、额定电压 110kV 以下的公用电网，不适用于暂态现象及短时间谐波。

（三）电能质量问题的危害

电能质量问题会带来巨大的经济损害，严重威胁精密设备的正常运行。表 6-1 列出了一些电能质量问题对企业造成的危害。

表 6-1　电能质量问题对企业造成的危害

电能质量问题	危害
电压瞬变、波动、切痕	造成灯光闪烁，引起视觉疲劳，电机画面的亮度频繁变化，影响电机寿命和产品质量，影响电子设备的正常工作
电压暂降、骤升、过压、欠压	轻则影响设备的正常运行，重则毁坏设备，甚至导致系统崩溃，其中，电压暂降最为常见
电压的间断	对一些关键负荷，比如银行、航空、半导体工厂自动生产线等，瞬时或者持续的电压间断会造成巨大的经济损失
谐波	污染电网，增加附加输电损耗，严重影响用电设备正常运行，并作为谐振源引发串并联谐振
系统无功	增加线路损耗，降低发电设备的利用率，增加线路和变压器的电压降落，某些冲击性无功负荷还会引起电压波动
不平衡	引起保护误动作，产生附加谐波电流，缩短设备使用寿命，影响设备正常运行，还会对变压器造成附加损耗

二、智能配电网中的电能质量补偿技术

（一）电能质量补偿控制

电能质量控制技术依照控制对象大体分为两类：一类是定制电力技术，又称为用户电力技术；另一类是传统的以用于稳定电压的频率调整技术，如并联电容器、并联电抗器、

调整变压器分接头、发电机的频率调节技术等。定制电力技术可以用来有效抑制或抵消电力系统中出现的各种短时、瞬时扰动，可使用户从配电系统得到用户指定质量水平的电力。

电能质量控制装置按功能可分为以下三类：无功功率补偿类，如并联电容器、晶闸管开关电容器（TSC）、晶闸管控制电抗器（TCR）；谐波抑制类，如有源滤波器（APF）；电压暂降补偿类，如动态电压恢复器（DVR）和统一电能质量调节器（UPQC）。

1. **配电网静止无功补偿 D-STATCOM**

D-STATCOM 作为静止无功补偿装置的一种，可以实现无功补偿，提高电网侧功率因数，改善电压偏差和三相电压不平衡等问题，具有响应速度快和动态无功调节范围宽等优点。D-STATCOM 主要有三相三线式和三相四线式两种拓扑。本小节主要介绍三相四线式 D-STATCOM，其拥有对电流零序分量的更好补偿能力。

可将 D-STATCOM 装置损耗等值为电阻 R，线路电抗及连接变压器漏抗总等效感抗为 X，则 D-STATCOM 系统的单相等效工作电路可由图 6-5 来表述。

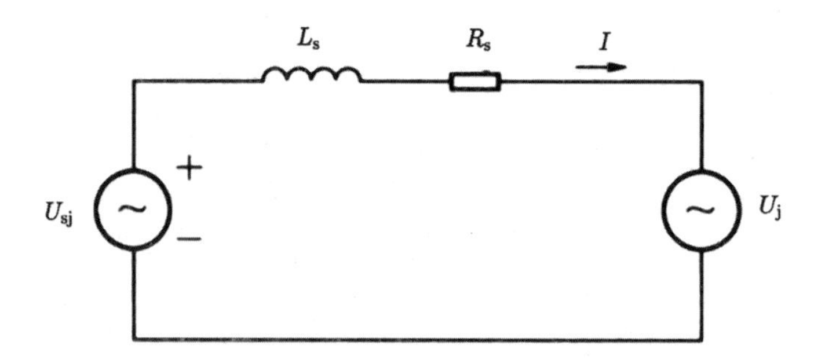

图 6-5 单相系统等效电路图

其中，$\vec{U}_j$ 为 D-STATCOM 输出的交流电压，$\vec{U}_{sj}$ 为电网电压，$\vec{I}$ 为补偿电流，设定从电网流向 D-STATCOM 为正方向，电流表达式为

$$\vec{I}=\frac{\vec{U}_{sj}-\vec{U}_j}{R_s+jX_s} \tag{6-3}$$

不考虑换流器内的损耗，即 $R_s=0$ 时，D-STATCOM 输出的无功功率可表示为

$$Q=\frac{U_{sj}(U_j-U_{sj})}{X_s} \tag{6-4}$$

从式（6-4）可得，当 $U_j>U_{si}$ 时，电流从补偿系统流向电网，无功补偿系统工作在容性区，输出感性无功；当 $U_j<U_{si}$ 时，电流从电网流向补偿系统，无功补偿系统工作在感性区，吸收感性无功功率；当 $U_j=U_{sj}$ 时，电流为 0，不交换无功功率。

D-STATCOM 的工作原理简要概述为通过改变系统交流侧的输出电压幅值和相位差

φ，改变输出电流 $\vec{I}$ 的幅值和相位，从而控制补偿系统与电网间的功率交换。

2. 谐波抑制策略

应用于低压配电网中的有源电力滤波器（APF），可以消除由负载产生的谐波电流。

（1）APF 主电路结构

三相四桥臂结构的 APF 主电路，是在传统的三相三线 APF 基础上增加一个桥臂，可同时补偿负载电流的不平衡。

（2）APF 新型控制系统

APF 系统取负载电流作为控制变量，通过电流互感器检测出负载电流和 APF 输出电流，通过电阻分压测量出 APF 直流母线电压，该系统控制使 APF 逆变器产生一个和负载谐波电流大小相等、方向相反的谐波电流注入电网中，达到滤波的目的。

3. 电压暂降补偿策略

电压暂降是最严重的电能质量问题之一。动态电压恢复器（DVR）是电压暂降问题较好的解决方式。

（1）DVR 补偿原理

作为一种串联在电网和敏感负荷的动态受控电压源，DVR 主要有两种运行模式：当电网端电压未出现跌落时，DVR 处于旁路状态；当电网端电压出现跌落，DVR 在几毫秒内输出一个相应的补偿电压，使得负荷端得到一个完整的电压波形。DVR 输出的电压幅值、相位均可以得到调节，所注入的有功功率、无功功率跟负荷功率因数及 DVR 自身采用的补偿算法有关。

DVR 主要由储能单元、逆变单元及滤波单元组成，必要时还需要串联变压器等组件。其中，直流母线侧能量可以由超级电容等功率型储能元件提供，也可以由交流侧整流电路得到。

（2）DVR 拓扑结构

目前，以相电压补偿的 DVR 拓扑结构主要分为以下三类：

①采用三单相逆变器补偿的拓扑结构。该类型 DVR 采用三单相 H 桥逆变结构，可通过滤波电容回路或者是变压器与系统进行耦合。由于 DVR 三相电路之间相对独立，可分别进行控制，相互之间也不存在耦合，因而不平衡负载的适应能力最强。

②采用电容分裂式三相四线制拓扑结构。该种 DVR 通过星形连接的变压器和电网系统耦合，利用两直流母线电容的中点引出 DVR 补偿电压的中线，与三相三桥臂组合为该种拓扑的基本结构。分裂电容的中点须进行平衡控制，所需的电容容量也较大。

③采用三相四桥臂式拓扑结构。当 DVR 采用该种结构时，通过星形连接的变压器与

系统耦合。该拓扑结构中，第四桥臂可直接控制中性点电压，控制较为灵活，自由度高，不平衡负载的适应能力较强。

三种 DVR 拓扑结构各有优缺点，三单相 DVR 所采用的功率器件较多，体积也较大，但是控制较为简单；其余两种结构的 DVR 所采用的功率器件较少，但是控制较为复杂。

三、智能配电网中的电能质量补偿新设备

（一）柔性多状态开关

柔性多状态开关定义为连接到配电网中两条或多条馈线间的电力电子变流器。与常规开关相比，其不仅具备通和断两种状态，而且是一个连接度可调的柔性连接，从而实现配电网馈线柔性合环或者柔性连接的双独立电源，可以实现配电网网损降低、分布式发电渗透率提高、非故障区域快速恢复等多重目标。柔性多状态开关通常安装于配电网传统联络开关（TS）处，它能够准确控制其所连接两侧馈线的有功与无功功率。柔性多状态开关的引入彻底改变了传统配电网闭环设计、开环运行的供电方式，避免了开关变位造成的安全隐患，大大提高了配电网控制的实时性与快速性，同时给配电网的运行带来了诸多益处。

从硬件拓扑和连接方式上看，柔性多状态开关类似线间潮流控制器（IPFC）。与输电网 IPFC 主要关注潮流优化不同，配电网柔性多状态开关将综合考虑分布式发电平抑、电能质量控制、短路电流抑制、馈线潮流优化等多种功能，导致柔性多状态开关在运行特性、控制策略及优化配置等方面与输电网 IPFC 的应用具有显著区别。

通过在配电网中接入柔性多状态开关形成不同分区，在系统正常运行时，不同互联配电区域/馈线之间可通过柔性多状态开关的功率调控，实现稳态条件下的潮流互济、促进能量的全局优化；在配电网发生故障时，通过柔性多状态开关的快速闭锁，能够有效地限制故障电流，实现分区间的故障隔离，不改变原有系统的短路容量。

柔性多状态开关的基本结构是基于全控型电力电子器件的背靠背电压源型换流器。

柔性多状态开关是通过交—直—交变换将双端馈线连接在一起，使得两侧的交流电气量存在一定的解耦关系，并且通过绝缘栅双极性晶体管（IGBT）开关器件闭锁还能快速阻断互联两侧馈线之间的电流交互。柔性多状态开关具有响应速度快、能频繁动作、控制连续、故障限流等优势，兼具运行模式柔性切换、控制方式灵活多样等特点，可避免常规开关倒闸操作引起的供电中断、合环冲击等电能质量问题，促进馈线负载分配的均衡化和电能质量改善，甚至可以实现实时优化，能够有效应对分布式电源和负荷带来的随机性和波动性问题。

柔性多状态开关连接配电网中需要进行有功潮流转移的两条馈线，基于不同应用场合，所连接两端馈线电压等级可以相同，也可以不相同。同时，基于每端有功潮流转移和电能质量控制的需求，每端可能与馈线串联连接，也可能与馈线并联连接。针对我国配电网电压等级水平，在 0.4kV 电压等级，负载功率通常不是太大，常见的两电平或者三电平背靠背变流器结构即可满足一般馈线的潮流转移需求。在 10kV 以上电压等级，装置拓扑可供选型方案较多、馈线需要转移功率较小时，可以选择两电平通过升压变压器升压连接馈线方案，也可以考虑采用三电平或者多重化及链式 H 桥结构或者 MMC 方案。在变换器拓扑方面，可以是 AC/DC/AC 结构，也可以是 AC/AC 结构；可以是配电网馈线首端互联，可以是馈线中段的互联，也可以是馈线末端的互联。

当柔性多状态开关接入配电网馈线末端时，可以起到潮流转供、电能质量治理、分布式发电平抑等作用。柔性多状态开关根据互联配电系统的运行场景，可实现协调消纳可再生能源、改善电能质量和均衡馈线负荷等多种调控目标，构建配电网综合控制策略。柔性多状态开关通过采用无功功率控制、系统电压控制、补偿不平衡负荷控制和滤除电网谐波控制的方法，能够减小系统电压偏差、改善电压不平衡、抑制系统电压波动和滤除电网谐波，从而能够改善配电网的电能质量。柔性多状态开关能够根据负荷的运行条件、设备状态等信息，灵活动态地调控潮流分布，从而适应分布式电源功率的随机变化。同时，柔性多状态开关也能根据现场实际情况进行快速的潮流反转控制。

（二）电力电子变压器

全控型电力电子器件实现了交直交结构的电能变化，尽管不能大幅度改变输出电压，但可以改变输出的电压频率。基于此思路，美国 GE 公司提出了采用高频变压器连接两个交直交变换电路，由于高频变压器的磁芯体积小、功率密度大，可以有效减少工频变压器的体积和成本问题。此外，各种小容量分布式电源可经 PET 柔性接入电网，还能完成波形、潮流的控制和电能质量调节功能。

（三）统一电能质量控制器（UPQC）

UPQC 实际上是集串联补偿器和并联补偿器功能于一身的综合性电能质量补偿器，以电压和无功补偿的 UPQC 为例，可被视为共用直流母线的 DVR 和 D-STATCOM。

UPQC 综合了串联补偿器和并联补偿器的功能，传统的控制策略中，串联变流器有利用率较低的缺点。这是因为其只在电压发生暂降或者骤升等工况下才投入运行，导致了装置在较长时间内处于“闲置”状态，其容量未能得到充分合理的利用，而其串联入网的结构又会造成有功功率的损耗。当串联变流器采用谐波补偿的功能时，其利用率较低的缺点将更为明显。此外，传统的串联补偿器在实现电压补偿功能的同时，也会补偿一部分无功功率，这又与并联补偿器的功能有重复。因此，当UPQC的串联补偿器和并联补偿器同时运行时，如何进行两者之间的协同运行是一个难点问题。

一种协同运行的思路是：考虑串联补偿器运行时的功率特点，可对其引入无功补偿的功能。电压补偿由串联补偿器单独控制予以实现，而无功功率由串联补偿器和并联补偿器协同予以补偿。同时，并联补偿器还负责从电网中吸收有功功率，从而支撑直流母线电压。

第三节　智能配电网中储能技术的应用

电力存储技术突破了传统电能即发即用的特点，可适用于多种应用领域，以解决传统方法难以解决的问题。储能技术作为一门关键支撑技术，目前已经在新能源发电、智能电网、工业和家庭用户等场合得到初步应用。世界上很多国家规划和建设了示范工程，并制定了相关支撑政策，有力地推动了储能技术的快速发展。近年来，分布式新能源大量接入配电网，其接入点的随机性和出力的不确定性给配电网的规划运营带来了新挑战。与此同时，随着负荷快速增长，峰谷差不断增大，城乡配电网“标准低、联系弱、低电压”等问题日益突出，负荷需求响应作为一种调节手段，在一定程度上可以缓解上述问题，但是要从根本上解决，还需要引入储能技术。

随着储能技术的进步、成本的降低，分布式储能在电力系统中的广泛应用是未来电网发展的必然趋势，也是突破传统配电网规划运营方式的重要途径。分布式储能安装地点灵活，与集中式储能比较，减少了集中储能电站的线路损耗和投资压力，但相对于大电网的传统运行模式，目前的分布式储能接入及出力具有分散布局、可控性差等特点。从电网调度角度而言，尚缺乏有效的调度手段，如任其自发运行，相当于接入一大批随机性的扰动电源，其无序运行无助于电网频率、电压和电能质量的改善，也造成了储能资源的较大浪费。在配电网中合理地规划储能系统，并调控其与分布式电源和负荷协同运行，不但可以通过削峰填谷应用起到降低配电网容量的作用，还可以弥补分布式储能出力随机性对电网安全和经济运行的负面影响。进一步通过多点分布式储能形成规模化汇聚效应，积极有效地面向电网高级应用，参与电网调峰、调频和调压等辅助服务，将有效提高电网安全水平和运行效率。

一、电池储能技术

储能系统主要由电池本体和储能变流器（PCS）构成，其中核心是电池本体，它决定了储能系统整体的使用效能和性价比。随着智能配电网技术发展和地区电网配网自动化系统建设水平不断提高，锂离子电池、液流电池、铅炭电池、超级电容和飞轮等储能电池在智能配电网中得到了一些应用。

（一）电池本体技术

1. 锂离子电池储能技术

锂离子电池是目前比能量最高的实用二次电池，电池由正极、负极、隔膜和电解液组成。可用作锂电池正极的材料有磷酸铁锂、锰酸锂、镍钴锰酸锂等，可用作锂电池负极的材料有钛酸锂、石墨、硬（软）碳等。

锂离子电池的主要优点包括储能密度和功率密度高、效率高和应用范围广等，主要缺点是安全性有待提高。

已被产业化的锂离子电池负极材料主要是石墨，由于电解液和隔膜的选择较为单一，通常根据正极材料的名称来区分锂离子电池类型。

2. 全钒液流电池储能系统

液流电池通过正极、负极电解质溶液中的活性物质在电极上发生可逆氧化还原反应（价态的可逆变化）实现电能和化学能的相互转化。目前，针对液流电池的研究体系主要有多硫化钠/溴体系、全钒体系、锌/溴体系和铁/铬体系。其中，全钒体系发展得比较成熟，具备兆瓦级系统生产能力。不过，全钒体系的技术路线受限于国内国际钒矿的供给，原材料的价格波动影响较大。

全钒液流电池（VRB）属于单金属氧化还原化学电池，由正负电极、电解液、离子隔膜和储液灌等部分组成。由两个储液罐独立承载不同价态的钒离子硫酸溶液，并通过一个电泵来实现溶液流动和经过液流电池电堆，氧化和还原反应发生在离子交换膜两侧的电极上。正极电解液中含 VO_2^+ 和 VO^{2+} 离子，负极电解液中含 V^{2+} 和 V^{3+} 离子，离子膜将正负极电解液隔离。工作时，由电泵将存储于不同罐子里的电解液导入，在电极处发生氧化还原反应，结束后重新送回储液罐，如此循环往复。

充电时正极消耗 VO^{2+} 离子，产生 VO_2^+，负极消耗 V^{3+}，产生 V^{2+}，通过化学反应将电能以化学能的形式存储在电解液中；放电时正极消耗 VO_2^+ 离子，产生 VO^{2+}，负极消耗 V^{2+}，产生 V^{3+}，将电解液中的化学能转化为电能释放出来。电池内部通过 H^+ 在正负电极中透过离子隔膜的传导保持平衡。

全钒液流电池独特的结构与充放电运行模式使其应用在大规模储能场合具有一定的优势。

（1）额定容量与额定功率大。全钒液流电池的额定功率取决于电极面积和电池堆的大小，而额定储能容量则取决于电解液的储量和电解液中电解质的浓度。因而当额定功率一定时，可增加电解液储量或提高电解液中电解质浓度来提高额定容量；当额定容量一定时，可以增加电池单体的数量或电极面积来提高电池的额定功率。

（2）能量效率高和响应速度快。全钒液流电池在存储结构上是将正负极电解液独立分开存储，在发生化学反应时，电解液继续被电池隔膜隔开，因而降低了正负极电解液中活性物质的自放电化学反应，降低了自放电损耗。目前，全钒液流电池的充放电能量转换效率可高达75%~80%，具有较高的性价比。在响应特性方面，全钒液流电池可实现毫秒级的充放电状态切换与响应。

（3）使用寿命长与免维护性好。全钒液流电池是单金属氧化还原电池，充放电过程的化学反应没有伴随液相/固相的转化，不存在固态物质沉积在电极表面而致使电池化学性能逐渐衰减的问题。另外，全钒液流电池可深度放电而不损伤电池，因而可循环充放电次数多，系统使用寿命长。

3. 铅炭电池储能系统

在新能源储能领域，需要3000次以上的重复充放电循环应用，而传统固定式铅酸电池由于循环寿命低于800次，无法满足该需求，故工程上总的投资成本优势也难以体现。鉴于此，一些研究机构和公司已逐步关注长寿命铅酸蓄电池或铅炭超级蓄电池在储能领域的开发和应用研究。

铅炭电池是在传统铅酸电池的铅负极中以“内并”或“内混”的形式引入具有电容特性的炭复合材料而形成。铅炭电池正极是二氧化铅（PbO_2），负极是铅炭（lead-carbon）复合电极。

铅炭电池的成本价格大约为260美元/kW，比功率为500~600W/kg，比能量为30~55W·h/kg，能量转换效率90%左右，循环寿命2500~3000次（100%深度充放电）。

铅炭电池兼具传统铅酸电池与超级电容器的特点，能够大幅度改善传统铅酸蓄电池各方面的性能，其技术优点如下：

（1）充电倍率高，安全性好。

（2）循环寿命长，是普通铅酸电池的4~5倍。

（3）再生利用率高（可达97%），远高于其他化学电池。

尽管铅炭超级电池在循环寿命、比功率和比能量等关键性能指标上优于传统铅酸电池，并在新能源示范工程项目中得到了验证，但铅炭电池目前的技术水平仍有待进一步提高，包括铅炭复合电极制造技术等。

4. 超级电容器储能

超级电容器分为双电层电容器和电化学电容器两大类，前者应用最为广泛。双电层电容器采用高比表面积活性炭作为电极材料，通过炭电极与电解液的固液相界面上的电荷分离而产生双电层电容，其在充放电时，发生的是电极/电解液界面的电荷吸脱附过程。电化学电容器采用 RuO_2等贵金属氧化物作电极，在氧化物电极表面及体相发生氧化还原反应而产生吸附电容，又称之为法拉第准电容。法拉第准电容的产生机理与电池反应相似，在相同电极面积的情况下，它的电容量是双电层电容的几倍。不过，在瞬时大电流放电的功率特性方面，双电层电容器却比法拉第电容器好。

超级电容器是通过电磁场的方式来储存能量的，不存在能量形态的转换过程，故具有输出功率大、响应速度快、效率高和循环使用次数多等优点。但是，超级电容器的能量密度低，远低于锂离子电池。

5. 飞轮电池

飞轮电池是20世纪90年代才提出的新概念电池，它突破了化学电池的局限，用物理方法实现储能，高技术型飞轮用于储存电能，转换过程很像标准电池。飞轮电池储能的本质是利用电动机带动飞轮高速旋转，在需要的时候再用飞轮带动发电机发电，具有功率密度高、响应快和寿命长等特点。在存储能量时，电能通过电力电子变换器驱动电机运行，进而带动飞轮加速转动，飞轮以动能的形式把能量储存起来，完成电能到机械能转换的储存能量过程；之后，电机维持一个恒定的转速，直到接收到一个能量释放的控制信号。释放电能时，高速旋转的飞轮拖动电机发电，经电力电子变换器输出适用于负载的电流与电压，完成机械能到电能转换的释放能量过程。飞轮电池的工程化应用方面，为了满足不同功率和储能量，通常采用多台飞轮单体组成阵列的方式，系统功率等级可达到几十兆瓦。

飞轮本体是飞轮电池储能系统中的核心部件，以高速碳纤维复合型飞轮本体为例进行介绍，其主要结构为：碳纤维复合材料转子、高速高效永磁电机、被动磁悬浮轴承、针式球形螺旋槽轴承、真空腔及外壳等。其中，高速高效永磁电机为外转子内定子结构，电机定子铁芯采用超薄高硅钢片叠制，绕组采用高频励磁线，从而降低电机的铁耗和铜耗，并且定子中心为空心轴，用于导线引出和冷却水路布置，能保证长时间运行温度控制在合适的范围内；同时，电机转子为无铁芯磁粉纤维层，与外层纤维复合材料飞轮径向一体化集成，纤维复合材料飞轮为多层材料的圆筒式结构。该转子结构一方面可以抑制转子涡流损耗，缓解真空环境下转子散热难题；另一方面无铁芯转子层与纤维复合材料层集成为一体，不仅提高了飞轮转子系统允许的最大线速度和储能密度，也提升了飞轮转子的安全性；轴承系统是由针式球形螺旋槽动压轴承和永磁被动磁轴承组合形成的。永磁被动磁轴承安装在转子的顶部，针式球轴承和阻尼系统安装在转子的底部，两者形成支撑配合，不仅降低了轴承损耗，也省去了主动磁轴承所需的复杂动态检测与快响应控制系统，实现了高速转子的悬浮稳定支撑。

（二）储能电池管理技术

电池管理系统用于监测、评估及保护电池，包括：监测并传递单体电池、电池模块及电池系统的运行状态信息，如电池电压、电流、温度及其他保护量等；评估计算电池的荷电状态 SOC、寿命健康状态 SOH 及电池累计处理能量等；保护电池安全实施报警和通信功能等。

电池管理系统（BMS）通常含有三个典型层级，即底层（BMU）、中间层（BCMS）、顶层（BAMS）。

1. BMU

BMU 是电池管理系统中的最基本单元，采用 CAN 总线技术和中间层交互信息，主要实现单体电池电压采集、多点温度采集及均衡电路控制等功能。

2. BCMS

BCMS 负责管理以一个电池串中的全部 BMU，完成电池串的总电压采集、充放电电流采集、漏电检测和故障报警，同时计算 SOC 和 SOH，实现高压管理，在 BMU 协同下完成整串电池的均衡控制，采用 CAN 总线和底层 BMU 及顶层 BAMS 交互信息。

3. BAMS

BAMS 负责管理每台 PCS 所对应电池系统单元的全部 BCMS。采用 CAN 总线技术收集各串电池的数据信息，对电池系统单元的信息进行汇总、统计分析和处理，采用 TCP/IP 通信方式向就地监控系统上报电池系统信息，采用 Modbus TCP 通信方式和 PCS 进行信息交互，从保护电池的角度实现 PCS 的优化控制。

二、储能变流器拓扑及运行控制技术

储能变流器用于控制储能电池的充电和放电过程，进行交直流能量的双向变换，在离网情况下可以直接为负荷供电，在并网运行时实现对电网有功功率及无功功率的调节，是储能系统中的关键部件。本节主要介绍储能变流器的拓扑结构和运行控制技术。

（一）储能变流器典型拓扑结构

电池储能系统由储能电池、电池管理系统和能量转换装置组成。根据能量转换装置的不同组合方式，电池储能系统有单级和双级两种典型的拓扑结构。

1. 单级拓扑结构

只采用 AC/DC 变流器的单级变换储能系统拓扑结构。双向 AC/DC 变流器直流侧直接连接储能装置，交流侧连接电源（该电源可以是电网或其他分布式电源）或负载。储能系统充电时，变流器工作在整流状态，由交流侧电源经三相全控整流桥给储能装置充电（若储能系统离网单独给负荷供电，交流侧只接负载，需要另外配备充电装置给储能系统充电）；储能系统放电时，变流器工作在逆变状态（可以为有源逆变，也可以为无源逆变），由储能装置经三相全控逆变桥向电网送电或给负载供电。

单级拓扑结构具有以下特点：

（1）电路结构简单，能量转换效率高，整体系统损耗小。

（2）控制简单，可实现有功和无功的统一控制，并网到离网的双模式切换也较容易实现。

（3）直流侧存在二倍频低频纹波和高频开关纹波，LC 滤波器设计难度较大，电池控制精度较低，充放电转换时间长。

（4）直流侧电压范围窄，大容量单机设计时，电池组需要多组串并联，增加电池成组难度；单组电池因故障更换后，会降低整组系统性能指标。

（5）交流侧或直流侧出现故障时，电池侧会短时承受冲击电流，降低电池使用寿命。

2. 双级拓扑结构

同时采用 AC/DC 变流器和 DC/DC 变换器的双级变换储能系统并网拓扑结构。双向 AC/DC 变流器交流侧连接电源（该电源可以是电网或其他分布式电源）或负载，直流侧经双向 DC/DC 变换器连接储能装置。DC/DC 变换器有变流和调压的功能，可直接控制直流侧充放电电流和母线电压，从而控制输入输出有功；并网运行时，AC/DC 变流器实现系统和电网功率的交换，离网运行时，AC/DC 变流器提供系统的电压和频率支撑。

双级拓扑结构具有以下特点：

（1）电路结构相对复杂，能量转换效率稍低，整体系统损耗比单级结构稍大。

（2）控制系统相对复杂，由 AC/DC 和 DC/DC 两套控制策略实现，AC/DC 和 DC/DC 之间须协调。

（3）直流侧不需要复杂的 LC 滤波器，电池侧纹波小，控制精度较高，充放电转换时间短。

（4）大容量单机设计时，直流侧可采用多个 DC/DC 变换器实现，每个 DC/DC 单元可连接独立的电池组，不需要多组电池组串并联，降低了电池组的配置难度；单组电池因故障更换后，不会降低整组系统性能指标。

（5）交流侧或直流侧出现故障时，因存在 DC/DC 电路环节，可有效保护电池，避免电池承受冲击电流，延长电池使用寿命。

3. H 桥级联型中压直挂式储能变换器电路拓扑

目前，储能系统接入 10kV/35kV 中压配电网通常在低压电网汇集后经升压变压器接入中压电网，存在能量转换环节多、转换效率低的问题，不能满足大规模储能技术的快速发展需求，采用多电平技术实现中压直挂一直是储能变换器的研究热点。

H 桥级联型中压直挂式储能变换器的主电路拓扑，每相由 N 个功率模块级联而成，输出电平数为 2N+1。每个功率模块均含有独立的电池作为储能元件，可实现能量的双向流动，A、B、C 三相采用 Y 连接方式。每相交流输出端通过电抗器与电网连接，实际设计时会备有冗余模块，在局部某一功率模块发生故障时，可以将之旁路，从而保证系统的正常稳定运行。

H 桥功率单元的电路由单相全桥变换电路、电抗器、电容器、预充电电阻和旁路开关等组成，具有四象限功率运行能力。其中，电抗器和电容器组成的 LC 滤波器实现滤波功能，减小电池两端的电压和电流波动，有利于对电池的检测及延长电池寿命。双向晶闸管控制着旁路的通断，单元故障时通过给出晶闸管触发脉冲和封锁开关管驱动信号实现对功率单元的旁路。

（二）储能变流器运行控制技术

储能系统的双模式切换主要指并网运行模式和离网运行模式之间的切换。在并网模式下，储能变流器采用 P/Q 控制或恒压控制；在离网模式下，储能变流器采用 U/f 控制。多个储能系统并联运行时，各系统之间的协调控制策略主要有主从控制和对等控制两种。

1. 并网转离网切换控制

储能变流器从并网切换到离网的过程主要是 AC/DC 变流器从并网 P/Q 控制模式切换到离网 U/f 控制模式。并网转离网切换主要发生在电网计划性停电或电网突发性故障时，要求储能系统不掉电，继续给负载供电，且切换后 PCS 控制的电压频率稳定。

当大电网突然出现故障或者人为需要切断外电网时，储能变流器应迅速改变控制策略，实现并网转离网平滑切换。变流器以切换过程前一时刻的电网电压相位，作为变流器离网模式下电压型变换器控制的电压相位初始值，在并网开关断开，同时切换为 U/f 电压型控制方式。

由并网向离网过渡切换的控制逻辑与步骤：①监测脱网调度指令或“孤岛”状态信息；②确认脱网要求，发出分断并网开关指令；③变流器转换为 U/f 控制，跟踪外电网电压相位；④延时等待并网开关可靠关断；⑤变流器以标准电压和频率为基准，进行 U/f 控制。

并网到离网的主动切换：当电网进行计划检修而需要停电时，控制器接收到停电指令后，能够主动地转至离网运行模式，变流器从并网状态到离网状态的主动切换中，并网开关在电网正常的情况下受人为控制断开。储能系统收到主动离网指令，在断网前，跟踪电网电压的幅值和相位。在断网时刻，为了使负载上的电压不突变，变流器控制方式转换为电压频率控制，电压有效值和频率采用配电网标准值（380V/50Hz），输出电压相位应当延续断网前负载电压相位。

并网到离网的被动切换：当电网出现故障时，储能系统能够快速识别并迅速切换到离网运行模式，切换的时间应足够短。要实现这种切换过程的平滑无冲击，需要做到快速准确检测电网故障，变流器应能由并网模式工作快速转换到离网模式工作。通常采用频率检测和幅值检测相结合的方法来提高电网故障判断的准确性和快速性，不过此过程的固有延时难以避免，使得在被动切换中，负载电压不会像主动切换过程中那样平滑，会存在短时间的下降。

2. 离网转并网同期控制

储能变流器从离网到并网的切换过程主要是变流器从 U/f 控制模式切换到 P/Q 控制模式或恒压控制模式。储能系统从离网切换到并网称为“同期”，可由专门的同期装置控制。

由于离网供电工作模式下，储能变流器输出电压与系统基准信号同步，特别是电网失电条件下，变流器不可能从电网获取同步标准，电网恢复正常后，变流器输出的电压幅值、频率和相位都有可能与电网不一致。所以，在并网开关闭合前，必须通过锁相环，使变流器输出电压在幅值、频率和相位上都与电网电压同步。另外，为避免引起负载端过电压尖峰或对负载可能的电流冲击，并网过程应控制电网电流的上升速度。

变流器由离网向并网过渡切换的控制逻辑和步骤：①检测是否满足并网条件；②对电网电压的锁相跟踪，实现变流器输出电压与电网电压在幅值、频率和相位上的一致；③闭合并网开关；④逐渐增加变流器功率控制量至给定功率值。

当储能系统收到并网指令时，变流器仍然以 U/f 控制方式运行，电压指令为并网点电压有效值，频率指令为小于电网频率 0.1Hz，进行并网调节。此时变流器输出电压与配电网电压一致，频率比配电网频率低 0.1Hz，进行同期检测，PCS 根据电网信息调整输出电压和频率，使其和电网电压频率达到一致。当变流器输出与配电网满足并网要求时，发出并网开关合闸信号。同期装置检测并网成功后，储能系统转入并网模式待机状态，等待监控发出功率或电压指令。如果在规定的时间内没有完成并网，则判定“同期失败”。

3. 多机并联协调控制

多个储能系统并联运行时，各系统之间的协调控制策略主要有主从控制和对等控制两种。

（1）主从控制策略

主从控制策略主要在储能系统处于孤岛状态时使用，其对每个储能系统采取不同的控制方法，并赋予不同的职能。通常，以一个或几个储能系统为主电源，通过通信线路来控制其他从属电源的输出，以达到整个系统内的功率平衡，以保持电压和频率的稳定。一种方案是采用一个储能系统作为主电源进行 U/f 控制，以提供参考电压和频率，其他所有处于从属地位的储能系统采用 P/Q 控制；另一种方案是采用多个主储能系统同步运行，表现出单一电压源的性质，从模块仍采用 P/Q 控制。

系统主电源采用 U/f 控制逆变器持续产生稳定的正弦电压，从电源采用 P/Q 控制逆变器跟随控制中心分配的功率，通过相互之间的通信分配功率，保证了良好的功率均分效果。

主从控制模式下逆变器不需要配置锁相环进行同步控制，负载均分效果好，系统扩容方便，若采用 $N+1$ 的运行方式（增加一个额外的电源，以保证失去任何一个电源后，系统都能保持功能上的完整性），整个系统的可靠性和稳定性还会进一步增强。

主从控制策略也有相应缺点，由于设定了主电源，整个系统是通过主电源来协调控制其他电源，因此要求主电源有一定的容量；而一旦主电源出现故障，将影响整个系统运行，所以大部分系统并没有实现真正的冗余。另外，主从控制技术需要进行通信互联，系统的可靠性在一定程度上依赖于通信的可靠性。

（2）对等控制策略

对等控制策略是对各个储能系统采取相同的控制方法，各储能系统之间是平等的，不存在从属关系。所有储能系统以预先设定的控制模式参与有功和无功的调节，从而维持系统电压频率的稳定。离网运行时，对等控制策略下的各储能系统都要参与电压和频率的调节，采用 U/f 或下垂控制技术。在无通信联络并联模式中，各并联储能系统通过输出端的交流母线相连，常用的是频率电压下垂控制技术。所谓下垂控制，主要是指储能系统中的逆变器模拟传统电网中的 $P-f$ 曲线和 $Q-U$ 曲线的调节特性，通过解耦 $P-f$ 与 $Q-U$ 之间的下垂特性曲线进行系统电压和频率调节的方式。它通过检测储能系统输出端的电压和频率，并与给定的参考值比较，根据下垂特性曲线调节储能系统的输出有功和无功，以对储能系统的输出电压和频率进行控制。目前对逆变器采用的下垂控制方法主要有两种：一种与传统同步发电机调节相似，采用 P/f 和 Q/U 调差率控制方式；另一种则是采用 P/U 和 Q/f 反调差率控制方式。两者虽然从形式上相差较大，但其根本原理相似，只是根据不同的线路参数特性的需要进行下垂控制策略的选择。

下垂控制利用本地测量的电网状态变量作为控制参数，实现了冗余，系统的可靠运行不依赖于通信，具有可扩展、易模块化、冗余性和灵活性好等特点；利用下垂控制策略，当某个储能系统因故障退出运行时，其余储能系统仍能够继续运行，系统可靠性高；同时实现了"即插即用"，当系统需要扩容时，只须对新加入装置采用相同的控制策略即可接入，而无须对其余模块进行调整，且无位置约束，安装维修更加方便。不过下垂控制也有不足，存在频率和幅值偏差、暂态响应慢等问题。下垂控制解决不了由于各逆变器输出侧与负载总线之间线路阻抗不匹配或是由于电压/电流感应器测量值存在误差所导致的环流问题。目前，下垂控制在实际中很少应用，应用较广的仍然是有互联线下的并联。

采用对等型控制策略时，储能系统只须测量输出端的电气量，从而独立地参与到电压和频率的调节过程中，无须知道其他储能系统运行情况，省了通信环节。同时，当某一个储能系统因故障退出运行时，其余储能系统仍然能够不受影响，系统可靠性高。当需要增加新的储能单元时，只需要对新装置采用同样控制策略，实现了“即插即用”。对等控制和主从控制相比，在系统整体电能质量方面稳定性稍差。

三、储能技术在配电网中的应用

目前，我国电力需求十分旺盛，新增电力装机容量和发电量仍旧不断提升，电网大力发展的同时也带来了诸多问题与挑战，主要如下：

第一，电网用电峰谷差逐渐增大，调峰矛盾日益突出。

第二，风电和光伏发电具有随机性和间歇性特征，昼夜发电量差异大，因而配电网中分布式新能源渗透率的逐年上升，对电网调峰、运行控制和供电质量带来巨大挑战。

第三，配电网末端网架结构薄弱，经常出现低电压、季节性配变超载和功率因数低等问题，严重的甚至出现供电中断的情况，给人们的生产生活带来极大的不便。

（一）储能参与削峰填谷

不断加快的城市化进程和不断增长的电力负荷，使得电力峰谷差不断加大。通过增加发电、输电和配电设备来满足负荷增长，对电力企业而言，意味着巨大资金的投入，并且尖峰负荷调节时间短暂，巨额资金投入的利用率太低。储能系统可实现发电和用电间的解耦及负荷调节，在一定程度上削弱峰谷差。

储能系统接入配网后，在低谷电价时段可作为用电负荷存储电能，在高峰电价时段可作为电源释放电能，实现电力系统负荷侧有功功率的控制和负荷峰谷转移。储能的接入改善了电网负荷特性，减少了电网备用容量需求和调峰调频机组需求，减轻了高峰负荷时输电网的潮流和功率损耗，减少了输电网络的设备投资。

（二）储能提高配电网对新能源的消纳能力

新能源发电受环境和天气条件等影响大，存在波动性强、间歇性大和可控性差等缺点。如光伏发电在多云或雷阵雨天气时，由云层移动所导致的太阳辐射波动会造成光伏出力也产生相应的大幅度波动，并且波动持续时间也不稳定，从 1 秒到几分钟不等。对于配电网来说，如果新能源发电渗透率比较低，其波动性对系统的影响可以通过电网的惯性响应等进行消纳，而忽略其对电网所产生的不利影响。但是，对于新能源发电占比较高的配电网，新能源发电的功率短时大幅度波动会对电网的频率稳定、无功电压特性、功角稳定性和电能质量等产生不利影响。

储能系统能够同时提供有功和无功支撑，稳定电网末端节点电压水平，提高配电变压器运行效率，其对提高配电网接纳新能源能力，主要体现在以下三方面：

（1）平滑功率波动。储能系统在新能源发电出力骤升时吸收功率，在新能源发电出力骤降时输出功率。借鉴信号处理中的低通滤波原理，协调储能系统根据新能源出力变化进行功率输出调整，以快速实现平滑功率波动，保证电网安全稳定运行。

（2）跟踪计划出力。配置一定容量的储能，通过控制储能系统的输入/输出功率，使得新能源、储能联合出力接近新能源功率预测曲线，从而提高新能源输出的可调度能力和可信度，弥补新能源独立发电时预测不准确的缺点。

（3）解决弃风弃光问题。当出现由于网架输送能力薄弱或就地负荷不能将光伏、风电发出的电能及时送出或就地消纳的情况时，电网将限制新能源的功率输出，即弃风、弃光。以光伏发电为例，在10：00—15：00的光伏出力高峰段，可通过储能吸收受限功率之外的多余光伏发电，而在光伏发电非出力高峰期等情况下放出电能。

（三）储能作为配电网应急电源

现代社会对供电品质要求越来越高，突然的断电必然会给人们的正常生活秩序和社会的正常运转造成破坏。对于一级负荷中的特别重要负荷，一旦供电中断，将会造成重大的政治影响或经济损失。移动式应急电源车作为电网应急供电设备的主要力量，具有机动灵活、技术成熟、启动迅速等诸多优点，在城市电网应急、对抗重大自然灾害及电力紧缺地区临时用电等中小型用电场所发挥日趋显著的作用。

此外，在农村或者现代农业示范区等一些地方具有全年用电负载率低、峰值用电时段性或季节性的显著特点。例如，农村平时用电仅为普通照明用电，变压器几近空载运行，用电负载低。但是，春节期间，随着农民工返乡过年，该类地区会引起电网负荷猛增，导致台区变压器过载烧毁现象出现。使用移动式应急电源车提供临时增容，可以在类似地区有效缓解电网压力，还可以减小配电线路和配电变压器的设计容量，节省线路投资和增容费用，提高电网设备利用率和供电效率。

目前，移动式应急供电系统多采用柴油发电机作为备用电源，但柴油发电机启动时间长（需5~30s），供电电压、频率波动大，效率低，只能在离网状态下作主电源运行，难以做到无缝切换，并且柴油发电机的使用也将不可避免地带来环境和噪声污染。采用移动式大容量储能系统供电可以有效解决柴油发电机上述问题，启动时间短（多为毫秒级），能够无缝切换并/离网两种运行模式。同时，移动式大容量储能系统作为电源还可以与配电网互动，在用电低谷时充电，在用电高峰时放电，达到削峰填谷和提高电能质量的目的，具有重要的经济和社会效益。

第七章　电子电工技术智能化发展

第一节　可穿戴智能设备关键技术

一、智能穿戴设备的发展与应用

可穿戴设备即直接穿戴在身上或者整合到用户的衣服或配件上的一种便携式设备。可穿戴设备不仅是一种硬件设备，穿戴式智能设备是对可穿戴式硬件设备进行智能化设计、研发的全过程，如眼镜、手套、手表、服饰及鞋等，还可以通过软件支持、互联网+及数据交互、云端交互来实现强大的交互功能，可穿戴设备将会对我们的生活、感知带来巨大的改变。广义上的穿戴式智能设备包括功能全、尺寸大、可不依赖智能手机实现完整或者部分的功能，如智能手表、智能眼镜及智能手环等，以及只专注于某一类应用功能，需要和其他设备（如智能手机）配合使用，如各类进行医疗监测的智能手环、智能首饰等。随着技术的进步及用户需求的变迁，可穿戴式智能设备的形态与应用热点也在不断变化。

穿戴式技术在国际计算机学术界和工业界一直备受关注，只不过由于造价成本高和技术复杂，很多相关设备仅仅停留在概念领域。随着 5G 移动互联网时代的到来、技术的进步和高性能低功耗处理芯片的不断推出等，很多穿戴式设备已经从全面走向商用化，新式穿戴式设备不断出现，谷歌、苹果、微软、索尼、奥林巴斯、摩托罗拉等诸多科技公司也都开始在这个全新的领域深入探索、研究和开发新一代可穿戴智能设备。

穿戴式智能设备的本意是探索人和科技全新的交互方式，为每个人提供专属的、个性化的服务，而设备的计算方式无疑要以本地化计算为主。只有这样才能准确地定位和感知每个用户的个性化、非结构化数据，形成每个人随身移动设备上独一无二的专属数据计算结果，并以此找准直达用户内心真正有意义的需求，最终通过与中心计算的触动规则来展开各种具体的针对性服务。穿戴式智能设备已经走进现实，它们的出现将改变现代人的生活方式。

（一）智能眼镜

纵观市场上出现的几款智能可穿戴设备，以谷歌为代表的智能终端设备谷歌眼镜

(Google Glass) 定义了下一代智能设备的雏形，是可穿戴设备的一个典型代表，如果我们戴着 Google Glass 出门，就可以抛弃传统的智能手机了。谷歌眼镜（Google Glass）具有和智能手机一样的功能，可以通过声音控制拍照、视频通话和辨明方向、上网冲浪、处理文字信息及收发电子邮件等。谷歌眼镜的外观类似一个环绕式眼镜，其中一个镜片具有微型显示屏的功能。

谷歌眼镜主要由镜架、相机、棱镜、CPU 及电池等组成。当谷歌眼镜工作时，先由相机捕捉画面，然后通过一个微型投影仪和半透明棱镜将图像投射在人体视网膜上。此外，谷歌眼镜的 CPU 部分还集成有 GPS 模块。

谷歌眼镜承载着可穿戴设备的开端，它极具想象空间，前途不可限量。谷歌眼镜具有以下基本特点：

（1）精巧且功能强大：谷歌眼镜包含了很多高科技，包括蓝牙、Wi-Fi、扬声器、照相机、麦克风、触摸盘及探测倾斜度的陀螺仪等，还有最重要的手指般大小的屏幕，能够帮助用户展示需要的信息。其所有的设计都非常实用，尽量不影响我们的日常生活。

（2）语音控制命令：谷歌眼镜配备了音控输入设备，可以通过麦克风来启动，只要说“OK，Glass”即可，当然也可以通过手指来触发。另外，可以通过口令来启动视频或者照相，最重要的是还可以使用侧面的触摸垫来选择菜单。

（3）无扰模式，解放双手：谷歌眼镜用户可以在真实的世界中移动，可以通过语音指令来使用 Photo Apps 照相，而不用传统的拍照方式来获取图片，解放了双手，同样可以帮助用户实时摄像，而不干扰用户欣赏比赛的激动时刻。

（4）强大的网络功能，持续工作永不停歇：使用谷歌眼镜可以随时连接到互联网拍摄视频或者照相，可以在出去参加会议时依旧处理相关的工作而不需要待在桌子旁边。其强大的音频输入允许用户快速处理文字信息、添加视频和图片，并且通过移动连接发送，而不必拿出手机。

（5）强大的导航功能：谷歌眼镜拥有导航功能，有了谷歌眼镜肯定不会再迷路了，让用户感觉犹如来到未来，相信喜欢看科幻电影的朋友对于这种实时实景的导航不陌生。它帮助用户开启行走导航，甚至开车导航。

（6）实时采集：这是谷歌眼镜最强大的地方，实时采集信息，想象一下如果需要搭乘飞机旅行，Google Now 将帮助用户安排行程，提醒相关的路况信息，甚至是酒店、出租安排，服务全面、系统、贴心。

（7）设备兼容：谷歌眼镜不仅支持 Android，也支持 iOS。它作为第三方的设备存在，让用户不掏出手机即可接听电话。

（8）时尚装饰品：谷歌眼镜的设计绝对是一流水准，可以将它作为一个时尚的装饰品。它有五款不同的颜色，由超棒的眼镜公司设计，不同凡响。

（9）支持流媒体：在启动时，谷歌眼镜将提供新的语音命令“收听”。用户说出一首歌或一名歌手的名字，随后即可通过谷歌 Play 商店收听流媒体音乐。如果用户启用谷歌 Play 账户，那么还可以基于历史记录获取推荐的播放列表和歌曲。

谷歌眼镜开创了头部穿戴设备热潮，Virglass 专注于可穿戴设备虚拟现实技术的研究与产业化，Virglass 可穿戴智能设备上海某移动互联网公司正在研发一款名为“Virglass”的可穿戴智能设备。这款号称“中国版谷歌眼镜”的 Virglass 是一款基于虚拟现实的视觉娱乐穿戴设备，并非此前网上传闻的 Google Glass 同类产品。Virglass 幻影虚拟现实头盔安全、可靠、防辐射，提供 IMAX 巨幕体验，具有顶级光学镜头，符合极致人体工程学，外观时尚，是魔镜中的艺术品，专享虚拟现实 app，提供 360°全景体验及 3D 私人影院。Virglass 智能眼镜采用世界最先进的虚拟现实技术，用户可以在现实世界中模拟出一个虚拟的 3D 世界，戴上 Virglass 智能眼镜，可享受沉浸式的完美 3D 体验。用户透过镜片可以看到等同于在 5m 外观摩 35m 宽的 3D 荧屏巨幕的效果，真正的 3D 环绕、立体音效，保证无损超清画质。

（二）智能手表

智能手表此前已经在三星、索尼、中兴、小米等公司推出，在真正的智能手表的革命变革浪潮中，苹果 iWatch 可穿戴智能手表是典型代表。iWatch 可穿戴智能手表的高端版价格在数千美元以上，甚至可以直接“进驻”高端奢侈品。苹果公司或借可穿戴设备再创乔布斯新神话。

Apple Watch 是苹果公司公布的一款智能手表，它有 Apple Watch、Apple Watch Sport 和 Apple Watch Edition 几种风格不同的系列。Apple Watch 采用蓝宝石屏幕与 Force Touch 触摸技术，有多种颜色可以选择。

Apple Watch 采用蓝宝石屏幕，两个屏幕尺寸，支持电话，语音回短信，连接汽车，提供天气、航班信息，地图导航，播放音乐，测量心跳，计步等几十种功能，是一款全方位的健康和运动追踪设备。

随着可穿戴科技时代来临，智能手表大变身，谷歌眼镜的出现使可穿戴的高科技产品开始受到越来越多人的青睐，酷炫的外形和高大上的科技含量让这些充满奇思妙想的可穿戴小物件得到了日新月异的发展，可穿戴智能手表的设计最令人惊叹。

（三）智能手环

真正的可穿戴智能手环 Cicret 可以颠覆 iPhone，Cicret 内置了微型的投影装置，可以将屏幕投射到用户的手臂上。同时，手环内部还有 8 个红外接近传感器，可以检测到用户在投影屏幕上触控的动作，然后将信息发送到手环的处理器。也就是说，用户可以在手臂上发送信息，而不必将手机掏出来。这款手环比其他可穿戴智能设备更加独立，它本身自带处理器、闪存、震动马达、Wi-Fi 和蓝牙模块、传感器和投影仪，不依赖智能手机也能正常使用。

不仅如此，Cicret 智能手环还具有安全隐蔽功能。Cicret app 能将用户进行的聊天和分享等设置为匿名操作。而对于已经发送的信息，它还可以定义发件箱内容的存储时间，远程修改或删除。这个 app 采用的是创新的加密技术，能确保用户的隐私安全。

Cicret 能把用户的手臂变成屏幕，听起来有点难以置信。Cicret 是一款让人能在皮肤上直接操控智能设备的智能手环，确切地说是把智能设备投影到用户的手臂上，让用户可以用手直接去控制。

（四）智能手套

创意来自 Francesca Barchie 的交互式智能手套是一款基于手势控制和 3D 投影的可穿戴智能设备，包含 Camera（摄影机）、Speaker（扬声器）、Microphone（麦克风），这款设备结合了可穿戴设备和智能相机两种特性。这款产品不仅能够拍照和录像，而且能够用于帮助企业展示项目进程，帮助正常人识别聋哑人的手语，从而实现不懂手语的人也能和聋哑人正常沟通的功能。

可穿戴智能手套最大的特点就是轻薄，就像是手上的涂鸦，又似人体的第二层皮肤。对于智能手套的使用，手势控制可以进行输入，3D 投影负责输出，从而实现交互。将食指和拇指圈成一圈，放眼睛前面就能拍照，两人握手就能交换信息，还能直接测量物体的长度，并由 3D 投影直接投出来。

（五）智能配饰

女性首选配饰如高科技智能项链 Purple。智能项链 Purple 内置蓝牙，可以与智能手机连接并使用应用程序管理，支持 Facebook、Instagram 等社交应用及 SMS 短信，使用应用程序指定几个亲人和挚友，他们的消息、照片便会显示在圆形的屏幕上。

智能项链 Purple 的通知形式很有趣，项链拥有一个边缘微微翘起的盖子，获取新照片及消息时屏幕便会发光、渗透出一些光芒，通知用户打开盖子查看照片。智能项链 Purple 的操作非常简单，基本上只允许左右滑动，不会显示繁杂的信息。唯一的一个额外功能称为“The Peek”（偷看的意思），当用户看一张照片时，可以查看照片来自谁，以及哪些好友在查看这张照片，另外还可以使用预设文字快速回复，并分享给他人。

（六）全息眼镜

Microsoft HoloLens 全息眼镜让用户在该设备上能够上网、聊天、看新闻和玩游戏，通过虚拟现实增强技术将这一切与现实世界进行复合，获取更加强大的感观感受和体验。如果这个目标得以实现，那么将会进入继计算机互联网和移动互联网后的又一个互联网——可穿戴互联网。

自苹果公司重新定义了智能手机之后，整个世界快速进入移动互联网时代，背后最根本的原因是移动互联网实现了一种更加灵活、方便且永不下线的上网方式，而 Microsoft HoloLens 全息眼镜将重新定义互联网的入口。

结合虚拟/增强现实技术，可穿戴眼镜除了可以上网以外，还可以带来无法估量的想象空间。当虚拟/增强现实和可穿戴技术足够成熟可以实现的时候，手机作为互联网的终端地位或许将会被完全颠覆，基于互联网的各种商业模式都将被改变。

在可穿戴互联网上，如果用户看到一个喜欢的东西，不需要再用手机或者计算机打字搜索，可以通过智能语音搜索技术或者是其他的技术，直接用智能眼镜去扫描物体，智能眼镜上面会显示出相关信息，整个过程人们连动一下手指都不需要，解放了双手，这明显是一种比手机还要方便的上网方式。

对于可穿戴智能交互技术，可穿戴智能眼镜和手环才是可穿戴设备最理想的载体，通过可穿戴智能眼镜和手环配合实现人机交互是最理想的状态。除了“意念控制”以外，消费级虚拟现实设备的体积会越来越趋向便携、轻量及时尚。

二、智能穿戴设备的关键器件

可穿戴设备蓬勃发展的先决条件是上游相关产业的发展和推动，包括可穿戴设备采用的关键器件及关键技术和应用的解决方案。其中，关键器件包括芯片（主控芯片、蓝牙芯片等）、传感器（3 轴/6 轴传感器、心率传感器、环境传感器等）、柔性元件及屏幕、电池等。关键技术和应用的解决方案包括无线连接解决方案、交互模式革新、整体解决方案等。

（一）芯片

相比较智能手机，可穿戴设备中的芯片种类和数量要少很多。根据芯片不同的功能，芯片可以分为主控芯片与其他芯片，包括但不限于蓝牙、Wi-Fi、GPS、NFC 芯片等。

1. 主控芯片

可穿戴设备内置芯片包括 SoC、MCU、蓝牙、GPS、KF 芯片等，不同的可穿戴设备形态将采用不同的芯片组合。

根据是否具备无线通信功能，可穿戴设备大体可以分为两类：具备独立无线通信功能的和不具备无线通信功能的。具备无线通信功能的穿戴设备的芯片方案类似智能手机，采用 SoC 芯片解决方案或者 AP+基带的解决方案。

2. 其他芯片

除了主控芯片外，低功耗蓝牙、Wi-Fi、GPS、NFC 及基带射频芯片（具备独立无线通信功能的设备所需）等也是可穿戴设备的常用芯片。这几类芯片会根据不同的目标产品和应用场景被开发成不同的芯片组合（蓝牙、蓝牙+Wi-Fi、GPS、蓝牙+Wi-Fi+GPS 等），单一类型的芯片方案往往应用在功能相对简单的可穿戴设备和物联网（IoT）领域。

（二）传感器

可穿戴设备的另一核心部件即各式各样的传感器，它也是必不可少的器件之一。不同的可穿戴产品面向的用户不同，使用目的不同，内置的传感器也不尽相同。可穿戴设备中的传感器根据功能可以分为以下七类：

1. 运动传感器

运动传感器包括加速度传感器、陀螺仪、地磁传感器（电子罗盘传感器）、大气压传感器（通过测量大气压力可以计算出海拔高度）、触控传感器等。主要实现运动探测、导航、娱乐、人机交互等功能。其中，电子罗盘传感器可以用于测量方向，实现或辅助导航。通过运动传感器随时随地测量、记录和分析人体的活动情况具有重大价值，用户可以知道自己的跑步步数、游泳圈数、骑车距离、能量消耗和睡眠时间，甚至可以分析睡眠质量等。

2. 生物传感器

生物传感器包括血糖传感器、血压传感器、心电传感器、肌电传感器、体温传感器、脑电波传感器等。这些传感器主要实现的功能包括健康和医疗监控、娱乐等。可穿戴设备中应用的这些传感器，可以实现健康预警、病情监控等。医生可以借此提高诊断水平，家人也可以与患者进行更好的沟通。

3. 环境传感器

环境传感器包括温湿度传感器、气体传感器、pH 传感器、紫外线传感器、环境光传感器、颗粒物传感器、气压传感器等。这些传感器主要实现环境监测、天气预报、健康提醒等功能。

目前，对动作和位置传感器的需求占据着主导地位，环境传感器和生物传感器在这一市场关键增长领域具有很大的发展潜力。从现有的可穿戴产品来看，加速度计、陀螺仪、红外线感应器、可见光感应器是常用的传感器。

4. 加速度计

加速度计也被称作重力感应器，用于测量设备各轴的加速度大小，包括重力加速度和运动加速度，来判断设备的运动状态。加速度计有两轴加速度计（平面测量，感知设备平面内的加速度情况，实现横竖屏切换及一些简单应用）和三轴加速度计（立体测量，感知设备立体空间的加速度情况）。

5. 陀螺仪

陀螺仪也称角速度传感器，用于检测各轴的角速度，也就是旋转速度。仅用加速度计没办法测量或重构出完整的 3D 动作，无法测量转动的动作，只能检测轴向的线性动作。但陀螺仪则可以对转动、偏转的动作做很好的测量，这样就可以精确地分析判断出使用者的实际动作，进而开发出相应的应用。

基于陀螺仪开发动作感应的应用主要有：

①动作感应的 GUI：通过小幅度的倾斜，偏转设备，实现菜单、目录的选择和操作的执行。

②转动，轻轻晃动设备 2~3 下，实现电话接听或打开网页浏览器等。

③拍照时的图像稳定，防止手的抖动对拍照质量的影响。在按下快门时，记录手的抖动动作，将手的抖动反馈给图像处理器，从而可以抓到更清晰、更稳定的图片。

④GPS 的惯性导航：当汽车行驶到隧道或城市高大建筑物附近，没有 GPS 信号时，可以通过陀螺仪来测量汽车的偏航或直线运动位移，从而继续导航。

⑤通过动作感应控制游戏，可以给 app 开发者更多的创新空间。开发者可以通过陀螺仪对动作检测的结果（3D 范围内设备的动作），实现对游戏的操作。

一般手机或可穿戴设备中，陀螺仪和加速度计集成，也就是六轴传感器；高端的再集成三轴磁力计，也就是九轴传感器。

6. 电子罗盘

电子罗盘又被称作地磁传感器，借助电子技术利用地磁场来测定北极。目前，广为使用的是三轴捷联磁阻式数字磁罗盘，这种罗盘具有抗摇动和抗震性、航向精度较高、对干扰场有电子补偿、可以集成到控制回路中进行数据链接等优点，因而广泛应用于航空、航天、机器人、航海、车辆自主导航、手机、可穿戴设备等领域。

7. 心率传感器（心率监测方案）

目前主流的心率监测方式有两种：一种是利用光反射测量，另一种是利用电势测量。

前者主要为光电传感测量方式，后者为电极传感测量方式。光电传感测量方式目前主要能测量的是心率与血氧指标；而电极传感测量的指标更全面一些，可以直接测量心电图。

可穿戴设备监测心率的技术原理是监测血液流动——通过 LED 照明毛细血管一段时间，用传感器监测心率，算出 BPM（每分钟心跳数）。可穿戴设备中的光学传感器对实际监测的环境要求相当高：用户不能说话、不能移动、不能出汗。另外一个问题是，当血液经过毛细血管流入手腕时，血液流动速度实际上已经减缓了，并不一定能够真实反映心率，特别是在 BPM 超过 100 的情况下。因此，运动状态下光电式心率感应器的精度优化就成为需要重点解决的课题。

另外，采用光电式心率监测方案，由于对环境要求较高，若要提高测量精度，可穿戴设备必然需要与用户的身体紧密贴合（运动手表、运动手环、胸带等），牺牲一定的舒适度；若产品设计成普通的手表样式，运动状态下的心率监测精度又是一个难题。这个两难问题有待业界在技术和产品设计方面的进一步优化和进步。

电极式心率监测方案目前有三个电极和两个电极的方案，即需要三个触点和两个触点（需要三手指或双手指触控）来读取数据，这样就不能主动读取数据。这是电极式的最大问题，因为需要用户主动测量，而不能自动地不间断测量并上传数字，更不能实现远程监控。电极式心率监测方案目前在可穿戴设备领域使用较少，后续单手电极式方案成熟后，心率监测将有更加丰富的解决方案。

不论是光电式还是电极式，传感器本身都比较简单，而后面的电路是关键，竞争的核心在信号调整与应用算法部分。

未来传感器将更加小型化、集成化（多种功能传感器集成），MEMS 技术会得到更加广泛的应用，与 MCU 配合的整体低功耗方案代替传统的简单叠加模式。更多的环境传感器和生物传感器将会集成到可穿戴设备中，根据面向的用户和使用场景差异进行细分。无创的血糖检测、PM2.5（颗粒）检测等可能是用户比较感兴趣和愿意购买的功能点，相应的传感器和解决方案也在加速成熟中，将会出现在新一波的可穿戴设备中。

（三）柔性元件及屏幕

由于可穿戴设备的产品形态多与人体体型相关，且会长时间佩戴，因而对产品的舒适度要求高，贴近人体的外形设计、柔软度是可穿戴产品必备的特性。这就需要柔性元件的支持。

1. 柔性电路板

柔性电路板行业内俗称 FPC，是用柔性的绝缘基材（主要是聚酰亚胺或聚酯薄膜）制成的印刷电路板，具有许多硬性印刷电路板不具备的优点。它可以自由弯曲、卷绕、折叠，可在三维空间随意移动及伸缩，散热性能好。利用 FPC，可大大缩小电子产品的体积，实现高密度、小型化、薄型化、高可靠，实现元件装置与导线一体化。柔性电路板的使用加快了可穿戴设备的商用进程。但是，目前柔性电路主要应用在连接电路、辅助电路，主板柔性化还需要时日。

为适应可穿戴设备的发展，FPC 需要从以下几方面不断创新和发展：

①厚度。FPC 的厚度必须更加灵活，必须做到更薄，以适应可穿戴产品小型化、精细化的需求。

②耐折性。可以弯折是 FPC 与生俱来的特性，未来 FPC 的耐折性必须更强，必须超过 1 万次，这需要基材创新和升级。

③价格。现阶段，FPC 的应用规模相对较小，价格较 PCB 高很多。未来随着 FPC 的规模增长，价格下降，市场前景将更加宽广。

④工艺水平。为了满足可穿戴产品的复杂设计要求，FPC 的工艺必须进行升级，最小孔径、最小线宽/线距、精细度、密度需要继续改进。

2. 屏幕

智能手表及部分手环等可穿戴产品都配备了显示屏幕，LED、LCD 显示屏是目前的主流。增加显示屏的手环，在用户体验及交互方式上更加贴近用户需求，增加了用户黏性。

3. 柔性屏幕

柔性屏幕通常使用超薄 OLED（有机发光二极管）材质，装在塑料或金属箔片等柔性材料上，而不像传统液晶需要固定在玻璃面板中。目前的柔性屏幕技术可以实现弯曲，但无法折叠。相较传统屏幕，柔性屏幕优势明显，不仅在体积上更加轻薄，功耗上也低于原有器件，有助于提升设备的续航能力，同时基于其可弯曲、柔韧性佳的特性，其耐用程度也大大高于以往屏幕，可降低设备意外损伤的概率。

（四）电池

低功耗是可穿戴设备的第一要素。在很大程度上，由于可穿戴产品的体积小，内置的电池容量小，不能支撑长时间的续航，传统的电池技术近年来发展缓慢，可穿戴产品使用的仍然是锂电池。受限于体积，手环的电池容量为 100~150mAh，智能手表的电池容量为 200~500mAh。

在已成熟的电池技术中，聚合物锂离子电池具有小型化、薄型化、轻量化的特点，其质量比能量将会比目前的液态锂离子电池提高 20%以上，且容易制造成各种形状和尺寸。但也正是由于聚合物锂电池可按客户要求订制，其通用性差，成本较高。相较液态锂离子电池，原始设备制造商（OEM）更看好聚合物锂离子电池——聚合物锂离子电池的重量更轻，而且可加以设计至一系列广泛的应用中。

三、智能穿戴设备的交互技术

可穿戴设备是新兴的智能产品领域，以低功耗为核心的连接技术、显示技术、处理器、传感器、人机交互及整体解决方案等要求较高，与传统手机及平板产品的相应技术有较大差异。其中，各项技术在可穿戴领域的应用进展和成熟度不同，但共同的目标是推动可穿戴产品的繁荣，以及方便、丰富人们的生活体验。

（一）无线连接技术

可穿戴产品的便携性、小型化、贴身化决定了其发展初期只能作为手机等主控设备的附属，与主控设备的连接成为其必备功能。无线连接技术即解决这一基本需求，提供必需的连接和数据通信能力，5G 可能会彻底改变无线的链接模式。对于不同类型的可穿戴产品，使用场景不同，所选用的无线连接技术不尽相同。

1. 蓝牙 4.0BLE

蓝牙 4.0BLE 的前身是诺基亚（NOKIA）开发的 Wibree 技术。作为一项专为移动设备开发的极低功耗的移动无线通信技术，它在被 SIG 接纳并规范化之后重新命名为“Bluetooth Low Energy”（BLE，低功耗蓝牙）。它易于与其他蓝牙技术整合，既可补足蓝牙技术在无线个人区域网络（PAN）中的应用，也能加强该技术为小型设备提供无线连接的能力。

低功耗蓝牙提供了持久的无线连接，并且有效扩大了相关应用产品的射程。在各种传感器和终端设备上采集到的信息被通过低功耗蓝牙采集到计算机、手机等具备计算和处理能力的主机设备中，再通过传统无线网络应用与相应的 Web 服务关联。

低功耗蓝牙与经典蓝牙技术相比，降低功耗主要是通过减少待机功耗、实现高速连接和降低峰值功率三条途径。

（1）减少待机功耗

①降低广播频道。传统蓝牙技术采用 16~32 个频道进行广播，导致待机功耗大。而低功耗蓝牙仅使用 3 个广播通道，且每次广播时射频开启时间也由传统的 4~5ms 减少到 0.6~1.2ms。这两个协议规范上的改变显然大大降低了因为广播数据导致的待机功耗。

②深度睡眠状态。低功耗蓝牙用深度睡眠状态来替换传统蓝牙的空闲状态。在深度睡眠状态下，主机长时间处于超低的负载循环状态，只在需要运作时由控制器来启动；在深度睡眠状态下，数据发送间隔时间也增加到 0.5~4s，传感器类应用程序发送的数据量较平常要少很多，而且所有连接均采用先进的嗅探性次额定（由蓝牙设备约定数据交互的间

隔时间）功能模式，而非传统的每秒数次的数据交互，可大幅减少功耗。

（2）实现高速连接

①蓝牙设备和主机设备的连接步骤：第一步，通过扫描，试图发现新设备；第二步，确认发现的设备没有连接软件，也没有处于锁定状况；第三步，发送 IP 地址；第四步，收到并解读待配对设备发送过来的数据；第五步，建立并保存连接。传统蓝牙的连接耗时较长，相应功耗较高。

②改善连接机制，大幅缩短连接时间。传统蓝牙协议规定，若某一蓝牙设备正在进行广播，则它不会响应当前正在进行的设备扫描；而低功耗蓝牙协议规范允许正在进行广播的设备连接到正在扫描的设备上，有效避免了重复扫描。低功耗蓝牙下的设备连接建立过程已可控制在 3ms 内完成，同时可以通过应用程序迅速启动连接器，并以数毫秒的传输速度完成经认可的数据传递后立即关闭连接；而传统蓝牙协议下，即使只是建立链路层连接都需要花费 100ms，建立 L2CAP（逻辑链路控制和适配协议）层的连接的时间则更长。

③优化拓扑结构。使用 32 位存取地址，能够让数十亿个设备被同时连接。此技术不但将传统蓝牙一对一的连接优化，同时借助星状拓扑来完成一对多连接。在连接和断线切换迅速的应用场景下，数据能够在网状拓扑之间移动，有效降低了连接的复杂性，减少了连接建立时间。

（3）降低峰值功率

①严格定义数据包长度。低功耗蓝牙对数据包长度进行了更加严格的定义，支持超短（8～27Byte）数据封包，并使用随机射频参数，增加高斯频移键控（GFSK）调制索引，最大限度地降低了数据收发的复杂性。

②增加调变指数。采用 24 位的循环冗余检查（CRC），以确保封包在受干扰时具有更强的稳定性。

③增加覆盖范围。低功耗蓝牙的射程增加至 100m 以上。

2. Wi-Fi（802. 11a/b/g/n/ac）

Wi-Fi 是一种可以将个人计算机、手持设备（如平板电脑、手机、可穿戴设备）等终端以无线方式互相连接的技术，是当今使用最广泛的一种无线网络传输技术。

802. 11n 基于多输入多输出（MIMO）空中接口技术，使用多个接收机和发射机，可以在同一频道同时传输两组或两组以上的数据流。与前代技术相比，802. 11n 的覆盖范围扩大 2 倍，性能增加 5 倍，改变了 Wi-Fi 配置和使用的方式，支持更大的海量数据应用，包括视频。从性能指标上看，802. 11n 是目前主流的 Wi-Fi 技术。

在现有技术标准的基础上，业界针对可穿戴及物联网（IoT）的低功耗需求，纷纷推出低功耗 Wi-Fi 解决方案，通过集成可编程 MCU 及适应时穿戴产品的工作模式（睡眠和唤醒模式、降低待机和传输功耗）改进来降低功耗。

3. GPS（GNSS）

传统的GPS借助卫星信号，提供可穿戴设备的位置信息（进而提供设备佩戴者的位置信息）。最早由美国的全球定位系统（GPS）卫星提供民用的卫星定位信号，现在全球卫星定位系统（GNSS）已包括美国的GPS、俄罗斯的格洛纳斯（GLONASS）、中国的北斗卫星导航系统等多个卫星定位导航系统。

4. NFC

近场通信（NFC）由非接触式射频识别（RFID）演变而来，是一种短距高频的无线电技术，在13.56MHz频率运行于20cm距离内。其传输速度有106kbit/s、212kbit/s或者424kbit/s三种。NFC的工作模式分为卡模式和点对点模式两种。

（1）卡模式。这个模式其实就相当于一张采用RFID技术的IC卡。它可以替代大量的IC卡（包括信用卡）使用的场合，如商场刷卡、公交卡、门禁管制、车票、门票等。在此方式下，卡片通过非接触读卡器的RF域来供电，即使寄主设备（如手机、手表等）没电也可以工作。

（2）点对点模式。这个模式与红外线差不多，可用于数据交换，只是传输距离较短，传输创建速度较快，传输速度也快，功耗低（蓝牙也类似）。将两个具备NFC功能的设备连接，能实现数据点对点传输，如下载音乐、交换图片或者同步设备地址簿等。

NFC技术可以应用于“被动式”可穿戴产品，如戒指、名片等。这些产品因为自身没有电源，所以芯片可以做到非常小，且稳定性和可靠性都很高，只是不能够主动去采集信息，而只能实现在手机等读取设备靠近时，提供自身已经存储的ID信息，以及完成和手机之间进行的少量数据交换过程。多个NFC设备靠近时，可以互相传递信息和数据。

移动支付被认为是NFC最为人熟知的一个应用。单就使用情景来看，智能手表与NFC的结合更为合理。相比于手机，以手表作为载体完成非接触式信息传输更为直接和便捷。至少简化了将手机从口袋中拿出来的步骤，这与未来科技解放双手的趋势是一致的。

5. ZigBee

ZigBee是基于IEEE802.15.4标准的低功耗局域网协议，是一种短距离、低功耗的无线通信技术。其特点是近距离、低复杂度组织、低功耗、低数据速率、低成本。它主要适用于自动控制和远程控制领域，可以嵌入各种设备。

（1）低功耗。在低耗电待机模式下，两节5号干电池可支持1个节点工作6~24个月，甚至更长，这是ZigBee的突出优势。相比较而言蓝牙能工作数周，Wi-Fi可工作数小时。

（2）低成本。ZigBee通过大幅简化协议（不到蓝牙协议的1/10），降低了对通信控制器的要求；而且 ZigBee 免协议专利费，可以降低芯片价格。

（3）低速率。ZigBee 工作在 20～250kbps 的速率，分别提供 250kbps（2.4GHz）、40kbps（915MHz）和 20kbps（868MHz）的原始数据吞吐率，可满足低速率传输数据的应用需求。

（4）近距离。传输范围一般介于 10～100m，在增加发射功率后，也可增加到 1～3km。这是指相邻节点之间的距离。如果通过路由和节点之间通信的接力，传输距离将可以更远。

（5）短时延。ZigBee 的响应速度较快，一般从睡眠转入工作状态只需 15ms，节点连接进入网络只需 30ms，进一步节省了电能。相比较而言，蓝牙需要 3～10s，Wi-Fi 需要 3s。

（6）高容量。ZigBee 可采用星状、片状和网状网络结构，由一个主节点管理若干子节点，一个主节点最多可管理 254 个子节点；同时，主节点还可由上一层网络节点管理，最多可组成 65000 个节点的大网。

（7）高安全。ZigBee 提供了三级安全模式，包括无安全设定、使用访问控制清单（ACL）防止非法获取数据及采用高级加密标准（AES128）的对称密码，以灵活确定其安全属性。

（8）免执照频段。使用工业科学医疗（ISM）频段，915MHz（美国）、868MHz（欧洲）、2.4GHz（全球）。

受限于其低速率（250kbps），而且这只是链路上的速率，除掉信道竞争应答和重传等消耗，真正能被应用所利用的速率可能不足 100kb/s，不适合视频等应用，也不适合大数据量传输，因此 ZigBee 在手机上应用较少，适合可穿戴设备、智能家居、物联网（IoT）、工业控制等低速数据传输应用场景。

6. 红外线

红外数据传输（IrDa）是指利用红外线方式实现设备之间的数据传输。相比较蓝牙、Wi-Fi、NFC 等热门技术，红外连接近年来在手机上使用较少。在可穿戴设备中，搭载红外线（IR）传感器，用来测量血氧饱和度。

7. ANT+

ANT 是自主低功耗近距离无线通信技术，已被广泛应用于运动设备、医疗领域。

ANT+是在 ANT 传输协议上的超低功耗版本，是为健康、训练和运动专门开发的。由于应用领域相对专业，它在消费电子及可穿戴产品中缺少相应的支撑，即支持 ANT+的智能手机太少，限制了可穿戴产品采用此项技术。从技术角度来看，ANT+与 BLE 各有千秋。

相似点：ANT+与 BLE 均采用 2.4GHz 频段，均采用 GFSK 调变，传输率均约 1Mbps，传输距离均约 50m，均支援对等点对点及放射星状的连接形态。

ANT+仍有以下优势：

（1）低功耗。ANT+在初始扫描网络状态较有效率，每次连线的传输较少，实际资料传量较大，具体而言比 BLE 节省 25%~50%用电。

（2）网络连接形态。ANT+除对等点对点（P2P）、放射星状（Star）外，还支援树状（Tree）与随意网状（Mesh）连接形态。

（3）多点连接。BLE 的整个网络内只能有一个 Master 节点，其余节点均为 Slave；而 ANT+允许一个网络内有多个 Master 节点，其做法是以无线通信的通道为区别，允许一个通道内有一个 Master 节点，但一个节点可以同时使用多个通道，如在 A 通道上节点扮演 Master 角色，但在 B 通道上则扮演 Slave 角色。相对地，BLE 以节点为认定，该节点为 Master，就不允许同一个网络还有其他 Master，若同一网络内有两个 Master 节点则会有时序冲突；且为 Master 就是 Master，角色不能变换。

（4）传输带宽。ANT+的传输通道仅需要 1MHz 频宽，BLE 则需要 2MHz。

（5）软件优势。以 Android 而言，ANT+允许同时多个应用程式存取同一个 ANT+侦测，例如一个心跳侦测资讯可同时提供给多个 Android 应用程式取用。且 ANT+的 API 采用独立维护更新（以 Plug-in 外挂程式方式运作），任何版本的 Android 均可支援 ANT+，但 BTSmart 必须是 Android4. 3 版后才能支援。

BLE 的安全性更佳，生态优势明显：

（1）在传输加密方面，ANT+仅有 64 位元金钥加密，BLE 则是 128 位元 AES 演算加密。若有敏感信息需要传递，BLE 较为安全。

（2）生态优势。智能手机几乎标配蓝牙，很少有机型支持 ANT+（仅三星、索尼等少数几款支持，智能手机缺少 ANT+兼容性）；而多数可穿戴产品依赖于智能手机实现各种应用，因此 BLE 的生态优势明显。这也是现今可穿戴产品首选 BLE 作为低功耗无线连接技术的重要原因。

（二）交互模式的变革

智能手机/平板电脑的传统交互方式，如点按、触摸等，在小屏幕甚至无屏幕的可穿戴设备上并不适用或者体验较差。解放双手，语音、姿势（手势）、眼球等交互方式更加适合可穿戴产品，也是电子产品未来交互方式的变革方向。

1. 语音交互

语音交互是一种基于语音识别技术的智能交互方式。语音识别技术就是让机器通过识别和理解过程，把语音信号转变为相应的文本或命令的技术。语音识别技术主要包括特征提取技术、模式匹配准则和模型训练技术三方面。随着远场语音识别及语意识别的成熟，语音识别作为交互端口日臻成熟。

语音识别主要有以下五个问题：

（1）对自然语言的识别和理解。首先，必须将连续的讲话分解为词、音素等单位；其次，要建立一个理解语义的规则。

（2）语音信息量大。语音模式不仅对不同的说话人不同，对同一说话人也是不同的。例如，一个说话人在随意说话和认真说话时的语音信息是不同的，而一个人的说话方式也会随着时间变化。

（3）语音的模糊性。说话人在讲话时，不同的词可能发音听起来是相似的。这在英语和汉语中都很常见。

（4）单个字母或词、字的语音特性受上下文的影响，以致改变了重音、音调、音量和发音速度等。

（5）环境噪声和干扰对语音识别有严重影响，致使识别率低。

近几年来，借助机器学习领域深度学习研究的发展、大数据语料的积累，以及云计算、高速移动网络的普及，尤其是大数据及云数据处理与快速提取及深度学习的综合技术，交互语音识别技术得到突飞猛进的发展。

（1）将机器学习领域深度学习研究引入语音识别声学模型训练，使用带 RBM（受限玻尔兹曼机）预训练的多层神经网络，极大地提高了声学模型的准确率，一些模糊技术及深度学习可以很好决定方言土语的各异性问题。在此方面，微软公司的研究人员率先取得了突破性进展。他们使用深层神经网络模型（DNN）后，语音识别错误率降低了 30%，是近 20 年来语音识别技术方面最快的进步。

（2）目前，大多主流的语音识别解码器已经采用基于有限状态机（WFST）的解码网络。该解码网络可以把语音模型、词典和声学共享音字集统一集成为一个大的解码网络，大大提高了解码的速度，为语音识别的实时应用提供了基础。

（3）由于互联网的快速发展及手机等移动终端的普及应用，目前可以从多个渠道获取大量文本或语音方面的语料。这为语音识别中的语言模型和声学模型的训练提供了丰富的资源，使得构建通用大规模语言模型和声学模型成为可能。在语音识别中，训练数据的匹配和丰富性是推动系统性能提升的最重要因素之一。但是，语料的标注和分析需要长期的积累和沉淀。随着大数据时代的来临，大规模语料资源的积累将提到战略高度。

（4）大数据、云计算及 5G 无线网络的普及，使云端语音识别成为可能，依赖云端数据库及处理能力，可大幅提高语音识别能力，实时语音翻译成为可能。近期，语音识别互联网公司纷纷投入人力、物力和财力展开此方向的研究和应用，目的是利用语音交互的新颖性和便利模式迅速占领客户群。由于视频通话、音频通话的成熟，社交软件公司，如腾讯，做语音识别领域将拥有一个天然流量优势，即方便采集和拥有海量的各种用户语音特征信息（语料资源）。

2. 姿势（手势）交互

姿势交互是利用计算机图形学等技术识别人的肢体语言，并转化为命令来操作设备。因为手势在日常生活中使用最为频繁，且便于识别，所以所有基于肢体语言的研究主要以手势识别为主，而对身体姿势和头部姿势语言的研究较少。

手势交互系统中主要有几个部分：人、手势输入设备、手势分析和被操作的设备或界面。

（1）人。手势交互系统面向大众，而不只是老年人和残疾人，普通用户也可以使用这些产品。

（2）手势输入设备。比起鼠标和键盘操作，手势交互是更加方便的交互方式。早期需要穿戴手套，对于普通用户来说比较累赘；之后摄像头作为输入设备，用户并不需要与实体设备接触，而且可以分析手势的 3D 运动轨迹。

（3）手势分析。随着计算机图形学等科学的发展，识别率得到提升，可以实时捕捉手臂和手指的运动轨迹。技术推动了人机交互的发展。

（4）被操作的设备或界面。可以识别的手势更多，可以输入的命令更多，不再限定于特定平台执行某项特定的任务。

将手势交互技术与可穿戴产品相结合，可赋予可穿戴产品新的功能和应用场景。MYO 腕带（手势控制臂环）就是这样一款手势识别专用产品。它通过感应器捕捉用户的手臂肌肉运动时产生的生物电变化，从而判断佩戴者的意图，再将处理的结果通过蓝牙发送至受控设备。

手势交互率先在游戏领域得到应用，未来将逐步进入人工智能、培训教育和仿真技术领域。但其要想像传统交互形式一样进入大众化消费领域，还需要技术的改进、人们交互习惯的改变等。

3. 图像识别交互

图像识别是指利用计算机对图像进行处理、分析和理解，以识别各种不同模式的目标和对象的技术。传统的图像识别，如光学字符识别（OCR），已有广泛应用。可穿戴产品，尤其是配备摄像头的智能眼镜或头戴式的虚拟现实设备，对基于图像识别的交互，如图片搜索，可用摄像头拍下照片，云端就会通过图像识别、人脸识别帮你快速找到你所要了解的信息并呈现在你面前。甚至，通过人脸识别技术，未来你的脸就是一个“凭证”，配上硬件的支持，就可以实现各种需要验证的功能。例如，在购物时直接“刷脸”支付，代替信用卡；在下班回家时取代实体钥匙，成为你开门的凭据；等等。

图像识别技术正在趋于成熟，基于图像识别的交互也在全面突破中。借助深度学习技术、大数据及云计算，未来将会有更多的交互应用基于图像识别。

4. 眼球交互

眼球交互技术，主要是依靠计算机视觉、红外检测或者无线传感等实现用眼睛控制计算机、手机等电子设备，以及用眼睛来画画、拍摄、移物等。

从计算机视觉的角度看，眼球技术主要包括眼球识别与眼球跟踪。眼球识别是通过研究人眼虹膜和瞳孔的生物特征的采集与分析，常应用于重要场合的身份识别，如重要场所安检、机要部门门禁等。眼球跟踪主要是研究眼球运动信息的获取、建模和模拟，应用范围更为广泛，逐渐出现体验与娱乐方面的应用。

当然，眼球技术也面临一系列的难题，影响其规模商用和用户体验。例如：

（1）眼球信息获取方式具有一定局限性。虹膜识别设备的造价高、体积大，对采集现场要求比较高，如拍摄角度、响应时间、噪声干扰（可降低可靠性）等。用眼球控制平板电脑光标，需要保持平板电脑处于一定的摆放角度，否则容易造成光标失控，影响体验。

（2）眼球运动属于精细运动，获取难度大。眼球转动无论是力度还是幅度都不如手部及其他肢体动作那么明显，对眼球运动信息的获取和解释都造成困难。

（3）眼球操作时间不宜过长。医生建议人们看计算机和手机的时间不宜过长，而眼球操作在原有用眼的基础上势必带来新的增加的用眼疲劳，影响眼睛健康。

（4）眼球运动数学建模和动作模拟难度大。数学模型对眼球运动模拟的准确性与合理性存在较高难度，如何使得眼球操作如手操作一样方便需要业界的持续研究和改善。

（5）眼球技术应用范围窄，用户体验待提升。眼球识别和追踪由于难度高、技术未成熟，目前的应用领域相对较窄，特别是消费电子及可穿戴领域的成本案例还很少，且用户体验一般。

纵观这几类新的交互方式：语音交互具备在可穿戴产品领域规模推广的条件，也符合可穿戴设备须解放双手的使用场景；姿势（手势）识别，类似智能手机，也可以借助传感器在可穿戴产品中得以广泛应用。另外，专门用于捕捉人体姿势的可穿戴产品也将有较为广阔的市场前景。图像识别、眼球识别等由于技术、成本、体验等限制，实现规模化商用还须等待。

第二节　虚拟现实关键技术

在虚拟现实系统中，计算机起到核心作用，负责接收输入设备的输入信息，计算产生虚拟场景，并对人机交互进行响应，输出信息到输出设备。虚拟现实一般使用网络模型来表示一个物体，网络面片可以是三角形、四边形或者多边形。如果想使被描述的物体与现实的物体更接近，就要用更小、更多的网络面片去逼近虚拟物体，使人眼无法区分是曲面还是由许多网络面片形成的物体。这个数据量是巨大的，如何有效地对这些物体进行组织和管理以满足实时绘制的要求，是一个非常重要的问题。另外，为了更加真实地反映虚拟环境的效果，需要增加光照、阴影、特效等功能，对系统资源的消耗量非常大。虚拟环境是一个动态环境，其中存在许多运动的物体。为实现虚拟环境中物体的运动，通常每隔一定时间步长，需要重新计算虚拟环境中物体的位置、方向与几何形状，然后将这些物体按它们在虚拟环境中的新状态显示出来。当时间步长取得足够小时，即刷新虚拟环境运动状态足够快时，虚拟环境中物体的运动看上去才是连续运动。为此，刷新率通常需要每秒20帧以上。虚拟环境往往由成百上千个物体的模型构成，这些虚拟物体在运动时需要用碰撞检测技术来保证其物理真实性，如一个物体不能“侵入”另一个物体内部。参与碰撞检测的物体数目多，形态复杂。物体的相对位置是变化的，系统每间隔一定时间就对所有物体两两之间进行碰撞检测。当虚拟环境中有n个物体时，这种多个物体之间的碰撞检测方法的时间复杂度最高可能会达到为O（2^n），碰撞检测的频率可能会达到每秒钟十几次至几十次，当虚拟环境中物体数量较大时，碰撞检测需要巨大的计算能力做支撑。总之，虚拟现实系统须在满足实时性和低延迟的同时，构造尽可能逼真、精细的三维复杂场景，其数据规模日益膨胀。产生虚拟环境所需的计算量极为巨大，这对计算机的配置提出了极高的要求，计算系统的性能在很大程度上决定了虚拟现实系统的性能优劣。

为了满足日益增长的对计算资源的需求，一些虚拟现实系统使用了高性能的超级计算机。除此之外，还有三种解决方案值得关注，分别是使用基于GPU并行计算技术、基于PC集群的并行渲染技术和基于网络计算的虚拟现实系统。

一、GPU并行计算技术

GPU即图形处理器或图形处理单元，是计算机显卡上的处理器，在显卡中地位正如CPU在计算机架构中的地位，是显卡的计算核心。GPU本质是一个专门应用于3D或2D图形图像渲染及其相关运算的微型处理器，但由于其高度并行的计算特性，使得它在计算机图形处理方面表现优异。

（一）GPU概述

GPU最初主要用于图形渲染，而一般的数据计算则交给CPU。图形渲染的高度并行性使得GPU可以通过增加并行处理单元和存储器控制单元的方式提高处理能力和存储器带宽。GPU将更多的晶体管用作执行单元，而不是像CPU那样用作复杂的控制单元和缓存，并以此来提高少量执行单元的执行效率。这意味着 GPU 的性能可以很容易提高。

自 20 世纪 90 年代开始，GPU 的性能不断提高，GPU 已经不再局限于 3D 图形处理了，GPU 通用计算技术发展已经引起业界不少的关注，事实也证明在浮点运算、并行计算等部分计算方面，GPU 可以提供数倍乃至数十倍于 CPU 的性能。将 GPU 用于图形图像渲染以外领域的计算称为基于 GPU 的通用计算（GPGPU），它一般采用 CPU 与 GPU 配合工作的模式，CPU 负责执行复杂的逻辑处理和事务管理等不适合并行处理的计算，而 GPU 负责计算量大、复杂程度高的大规模数据并行计算任务。这种特殊的异构模式不仅利用了 GPU 强大的处理能力和高带宽，同时弥补了 CPU 在计算方面的性能不足，最大限度地发掘了计算机的计算潜力，提高了整体计算速度和效率，节约了成本和资源。

（二）CUDA 架构

CUDA 是显卡厂商 NVIDIA 推出的通用并行计算架构，该架构使 GPU 能够解决复杂的计算问题。它包含了 CUDA 指令集架构（ISA）及 GPU 内部的并行计算引擎。开发人员现在可以使用高级语言基于 CUDA 架构来编写程序。利用 CUDA 能够充分地将 GPU 的高计算能力开发出来，并使得 GPU 的计算能力获得更多的应用。

不同于以前将计算任务分配到顶点着色器和像素着色器，CUDA 架构包含一个统一的着色器管线，允许执行通用计算任务的程序配置芯片上的每一个算术逻辑单元（ALU）。所有 ALU 的运算均遵守 IEEE 对单精度浮点数运算的要求，而且还使用了适于进行通用计算而不是仅仅用于图形计算的指令集。此外，对于存储器也进行了特殊设计。这一切设计都让 CUDA 编程变得比较容易。目前，CUDA 架构除了可以使用 C 语言进行开发之外，还可以使用 FORTRAN、Python、C++等语言。CUDA 开发工具兼容传统的 C/C++编译器，GPU 代码和 CPU 的通用代码可以混合在一起使用。熟悉 C 语言等通用程序语言的开发者可以很容易地转向 CUDA 程序的开发。

二、基于 PC 集群的并行渲染

集群系统是互相连接的多个独立计算机的集合，这些计算机可以是单机或多处理器系统（PC、工作站或 SMP），每个结点都有自己的存储器、I/O 设备和操作系统。集群对用户和应用来说是一个单一的系统，它可以提供低价高效的高性能环境和快速可靠的服务。随着 PC 系统上图形卡渲染能力的提高和千兆网络的出现，建立在通过高速网络连接的 PC 工作站集群上的并行渲染系统具有良好的性价比和更好的可扩展性，得到越来越广泛的应用。

该类虚拟现实系统存在一台或多台中心控制计算机（主控节点），每个主控节点控制若干台工作节点（从节点）。由中心控制计算机根据负载平衡策略向不同的工作节点分发任务，同时控制计算机也要接收由各个工作节点产生的计算结果，综合为最终的计算。集群系统通过高速网络连接单机计算机，统一调度，协调处理，发挥整体计算能力，其成本大大低于传统的超级计算机。

三、基于网络计算的虚拟现实系统

基于网络计算的虚拟现实系统充分利用广域网络上的各种计算资源、数据资源、存储资源及仪器设备等资源来构建大规模的虚拟环境，仿真网格是其中有代表性的工作之一。仿真网格是分布式仿真与网络计算技术相结合的产物，其目的是充分利用广域网络上的各种计算资源、数据资源、存储资源及仪器设备等资源来构建大规模的虚拟环境，开展仿真应用。

（一）分布式仿真与仿真网格

分布交互仿真技术已成功地应用于工业、农业、商业、教育、军事、交通、社会、经济、医学、生命、娱乐、生活服务等众多领域，正成为继理论研究和实验研究之后的第三类认识、改造客观世界的重要手段。该技术的发展已经历了 SIMNET、DIS 协议、ALSP 协议三个阶段，目前已进入高层体系结构 HLA 研究阶段。

（二）仿真网格启用模式

目前，由于基于 HLA 的分布式仿真在建模与仿真领域已取得了巨大成功，仿真网格应用模式的研究大多是将 HLA 与网络结合，以期望进一步增强 HLA 仿真系统的资源管理功能。网络的本质是服务，在网络中所有的资源都以服务的形式存在。HLA 与网络的结合就是分布式仿真系统中各种资源的服务化及通信过程的服务化。

随着仿真规模和复杂性的增加，计算机仿真往往需要访问分布在各地的大量计算资源和数据资源。20 世纪 90 年代中期出现的基于 Web 的仿真致力于提供统一的协作建模环境、提高模型的分发效率和共享程度；缺乏动态资源管理能力，并且由于开发出的模型没有组件化和标准化，互操作和重用性也存在不同程度的问题。基于 HLA 的分布式仿真在技术层面上解决了互操作和重用性问题，而网络作为下一代基础设施，能对广域分布的计算资源、数据资源、存储资源甚至仪器设备进行统一的管理。

因此，许多学者尝试将二者进行结合，利用网络技术对分布式仿真进行补助支持。也有一些学者致力于将 HLA 改造为模型驱动、可组装的，甚至计划将整个仿真联盟完全网络服务化以取代 HLA，作为下一代建模与仿真的标准。

（三）网格调度算法

仿真网格中的一个关键问题是按照某种策略将一个仿真应用的各个任务合理地调度到网络计算结点上运行，以达到计算资源、网络资源优化配置的目的。调度算法是网络计算的热点研究内容之一，出现了大量网络任务调度算法，对仿真网格调度算法的设计可以提供有益的参考。总的来说，这些调度算法所关注的任务之间的关系可以表示为三种类型：有向无环图（DAG）、任务交互图（TIG）和独立任务。

DAG 图描述的任务之间有先序关系和交互关系，图中节点的权表示任务的处理时间或者计算量，边的权表示任务间的通信时间或者通信量，边的方向表示任务之间的先序关系。TIG 图是一种无向图，两个节点之间的边表示该两个节点对应的任务在执行时有通信关系，任务可以并发运行而不用关心任务之间的先序关系。一个应用分解为相互独立并且不能再分割的任务称为独立任务。在这三种类型的任务调度算法中，独立任务调度算法是最基本的，许多面向 DAG 和 TIG 表示的任务调度算法是在独立任务调度算法的基础上进行改进，以便处理任务之间的先序关系或者交互关系。比如，通过对 DAG 图分层，同一层中的任务之间没有先序关系，可以并行执行；再如基于遗传算法的 DAG 任务调度与基于遗传算法的独立任务调度的主要区别在于对染色体编码时扩展基因片，以反映任务之间的先序关系，在遗传操作时保持任务之间的先序关系。

按照调度任务的方式，常见的网络任务的调度算法被分为两类：静态调度算法和动态调度算法。静态调度算法是指在任务执行之前组成该任务的所有子任务是已知的，调度策略也是确定的。动态调度算法则是在任务执行过程中有新任务到达，任务的调度策略也可能发生改变，比如，自适应式任务调度方法会根据当前的资源状况和任务执行情况改变任务调度器的参数。动态调度算法又可以进一步分为在线任务调度和批处理任务调度。在线任务调度是指任务一到达调度器就将其调度到某台机器上运行。批处理任务调度是指任务到来并不立即调度到机器，而是把任务收集起来组成一个任务集合，只有当预先定义的在特定时刻发生的调度事件到达时才对任务集合中的任务一起进行调度。因此，批处理任务调度下的任务集合中包括在最后一个调度事件之后新到达的任务和在前期调度事件时已经调度但还没有开始执行的任务。

（四）仿真网格负载均衡

仿真网格中计算结点的负载可以从两个层面进行管理。一方面，在仿真初始化阶段，应该合理地将各个仿真任务分配到网络中的计算结点，避免出现过载的情况而影响仿真的正常推进，这是仿真网格调度算法所关注的问题，前面已经对网络调度算法进行了介绍。

在基于网络的大规模分布式仿真中，涉及大量的计算资源，仿真运行可能也要持续较长时间。由于不同结点上运行的盟员的不确定性和不可预见性，结点负载会产生较大的变化，同时由于人为因素或者故障，结点资源的可用性也无法保障。因此，有必要实现分布式结点之间的负载均衡，以提高资源利用率，保证当某个计算结点负载过重或者不可用时使仿真推进能继续进行。负载均衡的常用方法包括调度新加入的盟员到负载较轻的结点上运行和迁移重负载结点上正在运行的盟员到轻负载结点上继续运行。为新加入盟员或者迁出盟员选择合适的目标结点是负载均衡的一个重要方面，一般运用网络提供的任务调度器来实现，也有的系统根据自身的特点开发调度器，如 CrossGrid 生物医学应用的 BrokerService 调度器。

（五）任务分配问题

网络是在现有的网络传输基础设施之上建立信息处理基础设施，将分散在网络上的各种设备和各种信息以合理的方式“黏合”起来，形成高度集成的有机整体，向普通用户提供强大的计算能力、存储能力、设备访问能力及前所未有的信息融合和共享能力。在基于网络的分布式仿真中，涉及大量的计算结点、存储结点、专用仿真设备。这些计算结点包括高性能工作站、个人 PC 等不同性能的机器，机器本身也具有不同的体系结构，如 MIMD、SIMD、向量处理机等；不同的任务在这些异构机器上运行的效率不同，若异构应用程序分解后的任务与异构系统的执行模式能够进行有效匹配，则执行速度有可能达到超线性速度。此外，网络结点之间的网络连接也是异构的，既包括广域网络，又包括局域网络，在通信延迟和网络带宽方面差异较大。基于网络的分布式仿真中，仿真任务之间存在大量交互，网络的异构性必然对仿真应用的运行效率具有重要影响。因此，将仿真应用的各个仿真任务分配到合适的计算结点上运行，以减少仿真任务之间的消息通信时延，是顺利实现仿真目标的关键问题之一。在仿真任务的分配过程中，需要根据仿真任务的不同特点，将不同的仿真任务调度到网络中的计算结点上运行，使仿真任务与异构计算结点合理匹配组合。在满足仿真应用要求的同时，优化计算资源、网络资源配置。

以往的仿真任务分配是通过静态负载规划完成的，其实现方法是通过制订合理的运行配置、仿真脚本和系统总控调度方案，通过总控调度系统按照该配置部署仿真应用并控制应用的运行。在进行静态负载规划时，首先要获取某种配置下的联盟运行过程负载情况。由于随着仿真过程的推进，各结点、各成员产生的负载情况是变化的，因此只能按照一定的间隔对负载情况进行采样并记录下来，结合仿真系统的设计，对超过限定负载范围的计算结点及其时间范围进行分析，以确定是结点的哪个成员、成员的哪些模型造成了过载，然后综合所有过载情况，通过上述的成员、成员模型类型和成员模型实例数量三种方法来统筹制订一个新的负载分配方案，并通过制订新的脚本、运行规划和总控调度配置文件来实施。

静态负载规划实际上是在获取了整个过程所有结点的负载情况后，由管理人员分析并通过补助工具的支持来确定负载分配方案，然后通过脚本生成工具、运行规划工具和总控调度工具来实施的。由于不需要实时决策，因此并不强调方案制订的实时性和自动化程度。当仿真系统的规模较小时，仿真设计者可以根据自己的经验，采用试探性的分配方法。但在分布式仿真中，需要为大量仿真任务指定其计算结点，这时就必须有一定的理论做指导。

从广义上讲，仿真任务的分配问题是网络资源管理的一个子问题。网络环境使用一个资源管理系统来管理异构的机器、网络、数据库、设备等资源。在网络资源管理系统中的一个重要问题是设计调度器，以便对任务分配做出合理决策。调度器一般是针对某一特定的网络应用领域建立相应的目标函数，然后优化目标函数来做出映射决策。这些目标函数一般表示为用户期望网络提供的服务质量的属性集合的形式，如最大化吞吐量或者最小化执行时间。服务质量是用户对网络提供的服务的满意程度，有的服务质量可能只有一个属性，如任务的执行时间，这时调度器对目标函数的优化是一个单目标优化问题。有的服务质量有多个属性，如交互密集型应用的交互实时性、网络带宽占用等，这时调度器的目标函数是一个多目标优化问题。对当前网络调度器所追求的调度目标进行归纳，可以将其分为四类。

①高吞吐量计算调度算法的评价标准一般为系统在单位时间内能够处理的服务请求数量；有的系统为了提高吞吐量，设计调度算法时以负载平衡为目标，均衡各结点的负载，充分发挥各个机器的计算能力。这时调度算法的评价标准可以为负载平衡率或其方差、空闲机器的比率、应用执行过程中的任务迁移次数或开销等。

②高性能计算调度算法则更重视加速比，即一个问题在单个处理器上的运行时间与该任务由多个相同处理器处理时运行时间的比值；响应时间，即用户提交请求与系统做出响应之间的时间差；往返时间，即批处理任务提交与执行完成之间的时间差。

③执行时间最小：这是一般的网络任务调度的评价标准，与高性能计算的加速比、响应时间、往返时间等标准类似，但是更着重于应用的总体执行效率。一个应用的各个任务之间存在优先关系时，各个任务的执行顺序有严格的限制，某些任务必须先执行完毕才能启动后继任务的执行。如果调度不当，可能会导致后继任务的等待时间过长，从而影响应用的执行效果。在这种情况下，以执行时间为调度目标尤为重要。

④经济代价最小：有些研究认为网络的自治性、动态性、异构性使得网络资源的提供者和使用者组成了一个小社会，价格理论及实际实践产生的一系列价格策略已被证明是社

会中资源管理的有效的、持久的方法。因此，将经济机制引入网络资源管理中，保证网络参与各方在进行资源共享时的合理利益，通过价格因素最终实现资源的有效配置。

以上各个调度目标之间不是孤立的，根据应用的不同特点和应用背景，有的网络任务调度同时考虑多个目标，比如，在进行网络任务调度时，不但考虑经济因素，而且以减少执行时间为目标。对这些调度目标进一步归并可以发现，前三类调度的评价标准都是“时间标准”，即追求将任务尽快执行完毕或者尽早获得结果。

分布式仿真中的仿真任务分配可以看作是分布式计算调度算法在仿真领域的子问题，然而分布式仿真的任务之间存在不同程度的交互关系，仿真运行时间较长，往往达数小时或者数天。如果采用“时间标准”来评估仿真任务的分配效果，不但不能反映分布式仿真中任务之间的交互特性，而且当仿真应用运行时间较长、两种运行方式的执行时间相差不大时，使用“时间标准”难以评估仿真的实际运行情况，“时间标准”也不适合于不同仿真应用运行性能之间的比较。

参考文献

[1] 李景民，刘燕，苏琦．电工电子技术［M］．长春：吉林科学技术出版社，2022.

[2] 陈德欣，何志莨．电工与电子技术［M］.2 版．北京：北京邮电大学出版社，2022.

[3] 陈晓，金哲．电路分析基础［M］．北京：中国水利水电出版社，2022.

[4] 孙立坤，靳越．电工与电子技术［M］.2 版．北京：机械工业出版社，2022.

[5] 何芸，文平，解天．电工电子技术基础［M］．北京：人民邮电出版社，2022.

[6] 宋耀华，张怡典．电工电子技术第 2 版［M］．北京：机械工业出版社，2022.

[7] 张茗，邹斌，陈骁．电工电子技术基础［M］．武汉：华中科技大学出版社，2022.

[8] 张择瑞．电工电子技术［M］．合肥：合肥工业大学出版社，2022.

[9] 李建军，田梅，程娟．电工电子技术基础［M］．北京：北京理工大学出版社，2022.

[10] 张翼，支壮志，王妍玮．电工电子技术及应用［M］．北京：化学工业出版社，2022.

[11] 瞿彩萍．电工电子技术应用［M］．北京：电子工业出版社，2022.

[12] 曾军．电工与电子技术［M］.3 版．北京：电子工业出版社，2022.

[13] 叶淬．电工电子技术［M］.5 版．北京：化学工业出版社，2022.

[14] 陈勇．智能配电设备［M］．北京：中国电力出版社，2022.

[15] 沈鑫，骆钊，陈昊．智能配电网规划及运营［M］．北京：科学出版社，2022.

[16] 陈佳新．电工电子技术［M］．北京：机械工业出版社，2021.

[17] 许其清．电工电子技术基础［M］．北京：机械工业出版社，2021.

[18] 邱世卉．电工电子技术［M］．重庆：重庆大学出版社，2021.

[19] 贾建平．电工电子技术［M］.2 版．武汉：华中科技大学出版社，2021.

[20] 凌艺春，刘昌亮．电工电子技术［M］.4 版．北京：北京理工大学出版社，2021.

[21] 陈舟劢，何旭东．电工电子技术［M］．成都：西南交通大学出版社，2021.

[22] 曾鹏，陈洪容，张锐丽．实用电工电子技术［M］．北京：中国轻工业出版社，2021.

[23] 刘耀元，邹小莲，胡晓莉．电工电子技术［M］．4 版．北京：北京理工大学出版社，2021.

[24] 陆超，查根龙，袁梦．电工电子技术实践［M］．南京东南大学出版社，2021.

[25] 肖峻，祖国强，屈玉清作．智能配电系统的安全域［M］．北京：科学出版社，2021.

[26] 杨启军，晁炳杰．智能供配电系统安装与调试［M］．北京：清华大学出版社，2021.

[27] 周晓波，胡蝶，付双美．电工电子技术［M］．哈尔滨：东北林业大学出版社，2020.

[28] 邹建华，彭宽平，黄京．电工电子技术［M］．武汉：华中科技大学出版社，2020.

[29] 沈利芳，李伟民．电工电子技术实验［M］．上海：华东理工大学出版社，2020.

[30] 刘冬香，张红，魏娜．电工电子技术及应用［M］．成都：西南交通大学出版社，2020.

[31] 刘凤波．电工电子技术［M］．北京：北京理工大学出版社，2020.

[32] 张晓辉．电工与电子技术［M］．秦皇岛：燕山大学出版社，2020.

[33] 坚葆林，蒲永卓，杨义．电工电子技术与技能［M］．北京：机械工业出版社，2020.

[34] 刘绍丽，付雯，李国贞．电工电子技术［M］．北京：文化发展出版社，2020.

[35] 贾永峰，廖发良．电工电子技术［M］．北京：北京理工大学出版社，2020.

[36] 操长茂，胡小波．电工电子技术基础实验［M］．武汉：华中科技大学出版社，2020.

[37] 董树锋，徐成司，郭创新，等．智能配电网络建模与分析［M］．杭州：浙江大学出版社，2020.

[38] 白星振，葛磊蛟．智能配电网状态估计与感知［M］．北京：中国电力出版社，2020.